U0186467

短视频Vlog 全流程

镜头脚本+运镜技巧+场景主题+后期剪辑

龙飞◎编著

化学工业出版社

·北京·

内 容 简 介

9大场景主题实拍：包括古风旅拍、宣传视频、公园游记、美食视频、日常记录、古街拍摄、城市旅游、开箱视频、实景探房，帮助读者学后能够完全胜任小、中、大型视频与Vlog的拍摄。

4步全程式解说：每个案例，读者可首先欣赏成品效果，再学习镜头的脚本写作，然后学习如何拍摄分镜头，最后学习后期剪辑，从零开始学习每一个实拍案例的前期拍摄与后期制作，做到全面掌握，了然于胸。

117个分镜头拍摄：书中9个大的案例，安排了117个分镜头来完成，包括前推运镜、上摇运镜、下降运镜、仰拍镜头、环绕运镜、特写运镜、跟随运镜等，可谓是一本运镜技法大全。

44个后期剪辑技巧：书中不仅介绍了视频与Vlog的拍摄方法，还讲解了44个剪映软件的后期剪辑技巧，包括导入素材、剪辑视频、添加滤镜、制作音效、添加字幕等。

随书还赠送了120个镜头素材文件、89分钟教学视频，没有拍摄与剪辑经验的小白，也可以快速精通短视频与Vlog的拍剪。

本书不仅适合零基础入门运镜拍摄的读者，以及热爱拍摄短视频的Vlog博主，同时也可以作为学校以及相关培训机构的短视频与Vlog拍剪的教材。

图书在版编目（CIP）数据

短视频Vlog全流程：镜头脚本+运镜技巧+场景主题+后期剪辑 / 龙飞编著. —北京：化学工业出版社，2024.7

ISBN 978-7-122-45590-1

Ⅰ.①短… Ⅱ.①龙… Ⅲ.①视频编辑软件 Ⅳ.①TP317.53

中国国家版本馆CIP数据核字（2024）第091183号

责任编辑：王婷婷　李　辰　　　　　　　　封面设计：异一设计
责任校对：宋　玮　　　　　　　　　　　　装帧设计：盟诺文化

出版发行：化学工业出版社（北京市东城区青年湖南街13号　邮政编码100011）
印　　装：天津裕同印刷有限公司
710mm×1000mm　1/16　印张13³/₄　字数289千字　2024年8月北京第1版第1次印刷

购书咨询：010-64518888　　　　　　　　　售后服务：010-64518899
网　　址：http://www.cip.com.cn
凡购买本书，如有缺损质量问题，本社销售中心负责调换。

定　　价：78.00元　　　　　　　　　　　　　版权所有　违者必究

如何进行短视频的拍摄与剪辑？这是短视频制作的两大核心问题，然而在实际的操作中，却又绕不开镜头脚本、运镜方法、场景主题和后期剪辑这4大难题！

作为一名资深的短视频拍摄与剪辑爱好者，不妨告诉大家，其实制作短视频也不是很难，只要把脚本、运镜、主题和剪辑技巧都掌握了，独立创作出各种类型的短视频完全不在话下。

所以，关于这4大难题，本书从各种视频博主和Vlog媒体运营号上的热门短视频进行提炼和总结，把这4大难题融合在本书的9大章中，把9种类型的短视频和Vlog制作过程进行科学合理的排布，让大家在每一章都能学到完整的脚本、运镜、主题和剪辑技巧，并且每一章都有新的知识与技巧！所谓"操千曲而后晓声，观千剑而后识器"，让大家在一次又一次的操练与实战中，快速成为短视频制作高手！

本书在场景主题上进行分类，有古风旅拍、宣传视频、公园游记、美食视频、日常记录、古街拍摄、城市旅游、开箱视频和实景探房9大主题。从室外到室内、从人像到风景、从分享生活到商业盈利，让大家在学习完本书之后，都能找到自己所属、所专精的视频领域，从而开启流量致富的道路！

在镜头脚本中，每章都有专门的脚本与脚本分镜头演示效果。在第5章中，还有系统的理论知识，点亮你的创作之路！助你在脚本文案上大展拳脚！

关于运镜方法，本书涉及了几十种运镜技巧，从基础的推、拉、移、跟等镜头，再到复杂一点的组合运镜方式，都有形象的动画演示，让大家边看边学！

关于后期剪辑，本书是在简单又好用的剪映上处理的。作为一款免费、受众广的视频剪辑软件，剪映的功能非常强大，各种类型的视频都能在里面进行剪辑。剪映还提供了大量免费的特效、滤镜、转场、音乐和其他素材，只要在手机中下载好这款软件，都能无门槛地进行剪辑和制作视频！

本书还提供了89分钟的教学视频，让零基础的剪辑小白也能无忧速学，掌握视频剪辑技巧！还赠送了120个镜头素材文件，让大家随时随地边学边练。

总之，本书从镜头脚本、运镜技巧、场景主题和后期剪辑这 4 大精华板块入手，把知识点和技巧融合在每一章中，让大家可以理论化、系统化地学习拍摄和剪辑短视频的技巧，快速成为短视频 +Vlog 制作高手！

特别提示：在编写本书时，是基于当前各软件所截的实际操作图片，但书从编辑到出版需要一段时间，在这段时间里，软件界面与功能会有调整与变化，比如删除了某些内容，增加了某些内容，这是软件开发商做的软件更新，请大家在阅读时，根据书中的思路，举一反三，进行学习。

本书由龙飞编著，参与编写的人员有邓陆英，提供拍摄帮助的人员还有向小红等人，在此表示感谢。大家若想学习更多摄影技巧，可以关注笔者的公众号"手机摄影构图大全"。由于知识水平有限，书中难免有疏漏之处，恳请广大读者批评、指正，联系微信：2633228153。

编著者

目 录

第 8 章　开箱视频：《验货扫地机器人》

第 9 章　实景探房：《欢迎来参观新居》

第 1 章

古风旅拍：《一念相思落》

本章要点

关于古风旅拍，需要模特穿着古代风格的服装，选取有历史文化气息的古建筑场景，选择天气晴朗和光线柔和的时段进行拍摄。在选择运镜方式的时候，需要做到动静结合，人景都不落下，也就是需要运动镜头与固定镜头相搭配，将人物镜头与空镜头排列得当，这样才能让视频具有古风古韵。

1.1 《一念相思落》分镜头演示效果

扫码看分镜头演示

古风旅拍《一念相思落》短视频是由多段分镜头片段构成的，分镜头演示视频是由成品视频与镜头脚本组成的，便于大家欣赏与学习，演示效果如图1-1所示。

镜号	画面	运镜	时长
1	拍摄古建筑全景	水平右摇运镜	约 4s
2	拍摄单个有特色的建筑	左摇下降运镜	约 3s
3	人物扶着窗户	越过前景前推	约 4s
4	人物行走在走廊的背影	上摇运镜	约 3s
5	户外的枫叶	上升运镜	约 3s
6	拍摄在枫叶树下的人物	前推运镜	约 3s
7	拍摄人物行走的侧面背影	固定跟摇镜头	约 3s
8	高角度俯拍人物	下降前推运镜	约 5s

镜号	画面	运镜	时长
1	拍摄古建筑全景	水平右摇运镜	约 4s
2	拍摄单个有特色的建筑	左摇下降运镜	约 3s
3	人物扶着窗户	越过前景前推	约 4s
4	人物行走在走廊的背影	上摇运镜	约 3s
5	户外的枫叶	上升运镜	约 3s
6	拍摄在枫叶树下的人物	前推运镜	约 3s
7	拍摄人物行走的侧面背影	固定跟摇镜头	约 3s
8	高角度俯拍人物	下降前推运镜	约 5s

镜号	画面	运镜	时长
1	拍摄古建筑全景	水平右摇运镜	约 4s
2	拍摄单个有特色的建筑	左摇下降运镜	约 3s
3	人物扶着窗户	越过前景前推	约 4s
4	人物行走在走廊的背影	上摇运镜	约 3s
5	户外的枫叶	上升运镜	约 3s
6	拍摄在枫叶树下的人物	前推运镜	约 3s
7	拍摄人物行走的侧面背影	固定跟摇镜头	约 3s
8	高角度俯拍人物	下降前推运镜	约 5s

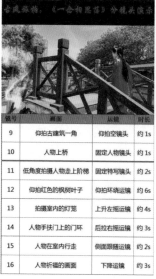

镜号	画面	运镜	时长
9	仰拍古建筑一角	仰拍空镜头	约 1s
10	人物上桥	固定人物镜头	约 1s
11	低角度拍摄人物走上阶梯	固定特写镜头	约 2s
12	仰拍红色的枫树叶子	仰拍环绕运镜	约 6s
13	拍摄室内的灯笼	上升左摇运镜	约 4s
14	人物手扶门上的门环	后拉右摇运镜	约 3s
15	人物在室内行走	侧面跟随运镜	约 2s
16	人物祈福的画面	下降运镜	约 3s

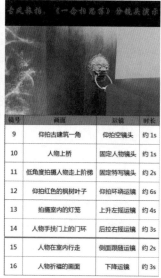

镜号	画面	运镜	时长
9	仰拍古建筑一角	仰拍空镜头	约 1s
10	人物上桥	固定人物镜头	约 1s
11	低角度拍摄人物走上阶梯	固定特写镜头	约 2s
12	仰拍红色的枫树叶子	仰拍环绕运镜	约 6s
13	拍摄室内的灯笼	上升左摇运镜	约 4s
14	人物手扶门上的门环	后拉右摇运镜	约 3s
15	人物在室内行走	侧面跟随运镜	约 2s
16	人物祈福的画面	下降运镜	约 3s

镜号	画面	运镜	时长
9	仰拍古建筑一角	仰拍空镜头	约 1s
10	人物上桥	固定人物镜头	约 1s
11	低角度拍摄人物走上阶梯	固定特写镜头	约 2s
12	仰拍红色的枫树叶子	仰拍环绕运镜	约 6s
13	拍摄室内的灯笼	上升左摇运镜	约 4s
14	人物手扶门上的门环	后拉右摇运镜	约 3s
15	人物在室内行走	侧面跟随运镜	约 2s
16	人物祈福的画面	下降运镜	约 3s

图 1-1 演示效果

1.2　镜头脚本

脚本是用户拍摄短视频的主要依据，通过脚本能够提前统筹安排好短视频拍摄过程中的所有事项，如什么时候拍、用什么设备拍、拍什么背景、拍谁及怎么拍等。表1-1所示为《一念相思落》的短视频脚本。

表 1-1　《一念相思落》的短视频脚本

镜号	运镜	画面	设备	时长
1	水平右摇运镜	拍摄古建筑全景	手持稳定器	约 4s
2	左摇下降运镜	拍摄单个有特色的建筑	手持稳定器	约 3s
3	越过前景前推	人物扶着窗户	手持稳定器	约 4s
4	上摇运镜	人物行走在走廊的背影	手持稳定器	约 3s
5	上升运镜	户外的枫叶	手持稳定器	约 3s
6	前推运镜	拍摄在枫叶树下的人物	手持稳定器	约 3s
7	固定跟摇镜头	拍摄人物行走的侧面背影	手持稳定器	约 3s
8	下降前推运镜	高角度俯拍人物	手持稳定器	约 5s
9	仰拍空镜头	仰拍古建筑一角	手持稳定器	约 1s
10	固定人物镜头	人物上桥	手持稳定器	约 1s
11	固定特写镜头	低角度拍摄人物上阶梯的脚步	手持拍摄	约 2s
12	仰拍环绕运镜	仰拍红色的枫树叶子	手持稳定器	约 6s
13	上升左摇运镜	拍摄室内的灯笼	手持稳定器	约 4s
14	后拉右摇运镜	人物手扶门上的门环	手持稳定器	约 3s
15	侧面跟随运镜	人物在室内行走	手持稳定器	约 2s
16	下降运镜	人物祈福的画面	手持稳定器	约 3s

1.3　拍摄前的准备

在拍摄古风视频的时候，需要天时、地利与人和。天时就是拍摄时间，地利则是选择合适的地点，人和是指需要重点关注前期的人员安排，这样才能确保拍摄的顺利完成。

1. 选择拍摄时间

在拍摄古风视频的时候，需要提前踩点，确保大部分的场景都能拍出理想的画面效果。在选择拍摄时间的时候，尽量错开人流量高峰期，保证背景简洁，所以在条件允许的情况下，可以选择在工作日拍摄。在选择拍摄时段时，可以选择上午或下午时段，这些时间段的光线是最柔和的。

2. 选择服装

在拍摄古风旅拍短视频之前，首先需要选定的就是模特的服装。衣服是视频画面中最主要的一部分，衣服需要与场景背景相协调。比如，在野外，可以选择清新淡雅的服装，如绿色或素色系的古风服装；在一些古建筑场景，可以选择一些颜色比较鲜艳的服装，借此突出主体，让画面焦点聚焦在模特身上。

3. 选择妆容

妆容也是古风旅拍必不可少的一部分。在竹林、室内拍摄时，可以选择比较淡雅的妆容；在比较大气的场景拍摄时，则需要艳丽些的妆容，借此让视频画面更加大气和典雅。

4. 选择道具

除了服装和妆容，道具也是古风旅拍必不可少的一部分。比如，传统的乐器、扇子、油纸伞、灯笼、丝巾、面纱、斗笠、玉佩和一些花卉等，都可以为视频增加亮点，也可以让模特的手不那么空，有处安放，从而增强画面感。

5. 其他

除了准备上述的内容，在拍摄时，也要尽量避免拍到现代化的建筑和物品。比如，园林建筑、红墙绿瓦的建筑，以及一些背景、地面干净的小凉亭，都可以作为拍摄场地。

1.4　分镜头片段

《一念相思落》古风旅拍的分镜头片段来源于镜头脚本，我们根据脚本内容拍摄出了十几个分镜头。下面将把这些分镜头片段一一展示和演示给大家。

1.4.1　镜头1：水平右摇运镜

第1个镜头展示的是环境，通过水平右摇运镜展示宏大的古建筑与优美的环境。在右摇镜头时，鸽子群刚好从屋顶飞出来，画面大气又有生机，如图1-2所示。

图 1-2 镜头画面

　　水平右摇运镜动画演示如图1-3所示。拍摄重点是需要拍摄者与建筑保持一定的距离，并在固定位置从左至右地摇镜拍摄建筑，让画面展示建筑的全貌。在拍摄时，可以把拍摄焦距定为0.5倍广角模式，让画面更加宽广。

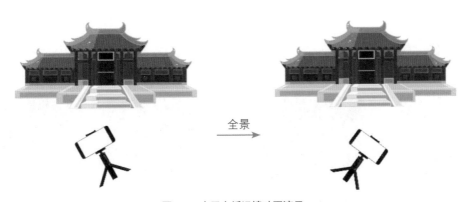

全景

图 1-3 水平右摇运镜动画演示

1.4.2 镜头2：左摇下降运镜

　　第2个镜头展示的是一个凉亭建筑。先展示建筑的全貌，然后左摇并下降运镜，让画面给天空留白，增加余韵，如图1-4所示。

图 1-4　镜头画面

左摇下降运镜动画演示如图1-5所示。在拍摄凉亭的时候，镜头角度是微微仰起的，主要是为了避免拍摄到凉亭内的路人。在左摇和下降运镜的时候，拍摄者利用手机稳定器上云台的自由移动和镜头机位的升降来调整拍摄的内容。

全景

图 1-5　左摇下降运镜动画演示

1.4.3　镜头3：越过前景前推运镜

第3个镜头展示的是人物。以柱子为前景，然后越过前景前推镜头，并慢慢聚焦于人物，展示人物的出场，如图1-6所示。

图 1-6　镜头画面

越过前景前推运镜动画演示如图1-7所示。在起始的时候，前景柱子占据大部分画面，这样在推镜的时候，就有一种揭开面纱的效果，非常适合用来展示人物的出场。

图 1-7　越过前景前推运镜动画演示

1.4.4　镜头4：上摇运镜

第4个镜头展示的也是人物。在上摇镜头的时候，从拍摄人物背面下半身到上半身，展示人物和人物周围的环境，如图1-8所示。

图 1-8　镜头画面

上摇运镜动画演示如图1-9所示。在摇摄的过程中镜头一直处于固定的位置，人物则是渐渐远离镜头的。在拍摄摇镜头的时候，需要开启稳定器的"云台跟随"模式，这样在上摇拍摄的时候，画面就能自然而流畅。

图 1-9　上摇运镜动画演示

1.4.5　镜头5：上升运镜

第5个镜头展示的是环境场景，把焦点聚焦在室外的枫叶上。这个镜头起着转场的作用，是为了自然地连接下一个镜头，如图1-10所示。

图 1-10　镜头画面

上升运镜动画演示如图1-11所示。在拍摄上升镜头的时候，需要找寻"落脚点"，一般以升镜头结尾的定格画面为重点，所以提前规划好镜头上升的"路线"之后，就可以拍出理想的画面效果。

图 1-11　上升运镜动画演示

1.4.6　镜头6：前推运镜

第6个镜头展示的是人物。在上个枫叶镜头之后，将镜头前推越过枫叶，展示人物，转移画面焦点，如图1-12所示。

图 1-12　镜头画面

前推运镜动画演示如图1-13所示。在将镜头前推的时候，为了使画面显得不那么单调，可以从前景中穿过去，比如树叶或者花朵等前景，从而让画面更加丰富。

图 1-13　前推运镜动画演示

1.4.7　镜头7：固定跟摇镜头

第7个镜头展示的是人物。在人物行走的时候，固定跟摇拍摄人物，让人物被前景遮挡住，用来展示人物从目前的场景远离的画面，如图1-14所示。

图 1-14　镜头画面

固定跟摇镜头动画演示如图1-15所示。在拍摄这个镜头的时候，拍摄者需要站到前景的一侧，人物则在前景的另一侧，拍摄者在固定位置摇摄镜头，画面中的人物渐渐被前景遮挡然后消失。

图 1-15　固定跟摇镜头动画演示

1.4.8　镜头8：下降前推运镜

第8个镜头展示的是人物。利用下降前推运镜展示人物的动作和神态，人物在祈福树下忧思，传达出怀念和相思之感，如图1-16所示。

图 1-16　镜头画面

下降前推运镜动画演示如图1-17所示。拍摄者需要把手机稳定器高举至一定的角度进行俯拍，在镜头下降的时候进行前推，让画面中的人物占满画框，画面焦点则聚焦于人物的动作和神态上。

近景

图 1-17　下降前推运镜动画演示

1.4.9　镜头9：仰拍空镜头

第9个镜头展示的是环境。这也是一个用来转场的空镜头，拍摄者仰拍远处的建筑一角，抓拍鸽子起飞的画面，如图1-18所示。

图 1-18　镜头画面

仰拍空镜头动画演示如图1-19所示。拍摄者需要把镜头上摇至一定的角度进行仰拍，并找好机位，利用树做前景，使建筑在画面中心，构造出景别合适的画面。

图 1-19　仰拍空镜头动画演示

1.4.10　镜头10：固定人物镜头

第10个镜头展示的是人物，通过以桥为画面的重点要素，利用固定镜头拍摄人物过桥的画面。主要捕捉人物的全身体态与比较大一点的动作，拍摄角度是侧面斜角度，具有鲜明的立体感，如图1-20所示。

图 1-20　镜头画面

固定人物镜头动画演示如图1-21所示。这个镜头的拍摄重点是构好图，以桥边围栏为前景，以固定镜头拍摄人物上桥的动作。

图 1-21　固定人物镜头动画演示

1.4.11　镜头11：固定特写镜头

　　第11个镜头展示的是人物特写，以低角度固定镜头拍摄人物上台阶的脚步，从桥边的一侧到桥上来取景。用这个特写镜头让观众更有代入感，并让画面既有远景，也有近景特写，具有纵深效果和层次感，如图1-22所示。

图 1-22　镜头画面

　　固定特写镜头动画演示如图1-23所示。在拍摄低角度镜头的时候，拍摄者可以把手机稳定器倒置，也可以手持手机弯腰或者蹲下拍摄，关键是拍摄者需要与人物保持一定的距离，这样就能刚好捕捉到脚步的特写画面。

　　特写　→　

图 1-23　固定特写镜头动画演示

1.4.12　镜头12：仰拍环绕运镜

　　第12个镜头展示的是环境，依旧拍摄户外的场景，环绕仰拍高处的枫叶，展示美景，如图1-24所示。

图 1-24　镜头画面

仰拍环绕运镜动画演示如图1-25所示。拍摄者把镜头仰起，拍摄高处的枫树叶子，从枫树外围环绕到枫树内围，拍摄角度从侧面仰拍到垂直仰拍，让枫树叶子的形状更加明显。

近景

图 1-25　仰拍环绕运镜动画演示

1.4.13　镜头13：上升左摇运镜

第13个镜头展示的是环境，从拍摄室外的自然风光转移到了拍摄室内的场景，拍摄室内有特色的墙壁与灯笼。在上升左摇镜头的过程中，不仅交代了场景，还可以自然地连接下一个室内人物画面，如图1-26所示。

图 1-26　镜头画面

上升左摇运镜动画演示如图1-27所示。先将镜头放低一些，再慢慢上升并进行左摇。左摇镜头的作用是为了连接下一个画面，也意味着片段的结束。

图 1-27　上升左摇运镜动画演示

1.4.14　镜头14：后拉右摇运镜

第14个镜头展示的是人物特写。此镜头与上个分镜头片段相像的是背景部分，因为上端空镜头开始左摇，从空间上来看，本镜头的场景也刚好处于上个画面的左侧位置。这里用后拉右摇镜头展示人物手握门环的特写画面，如图1-28所示。

图 1-28　镜头画面

后拉右摇运镜动画演示如图1-29所示。将镜头靠近人物的手部一些，构图采用的方式是三分线构图，在后拉镜头的过程中进行右摇，以门环装饰物为中心，此时的构图方式变成中心构图。在右摇镜头的时候，又可以刚好无缝连接下一段向右行走跟随的分镜头片段。

图 1-29　后拉右摇运镜动画演示

1.4.15　镜头15：侧面跟随运镜

第15个镜头展示的是人物和环境，以柱子为前景，人物从左至右行走，控制镜头越过前景，在人物的侧面跟随人物前行，使画面具有流动感，如图1-30所示。

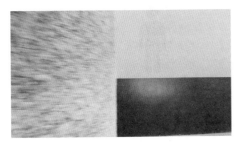

图 1-30　镜头画面

侧面跟随运镜动画演示如图1-31所示。在侧面跟随的时候，人物起初不在画面内，在人物进入画面之后，拍摄者需要保持自己本身的行走速度与人物的行走速度相匹配，这样才有跟随代入感。

图 1-31　侧面跟随运镜动画演示

1.4.16　镜头16：下降运镜

第16个镜头展示的是人物。在人物祈福的时候，将镜头缓慢下降，下降的幅度不用太大，只需把画面焦点从突出人物动作变成聚焦于人物面部神态即可，如图1-32所示。

图 1-32　镜头画面

下降运镜动画演示如图1-33所示。在下降幅度不是很大的时候，需要找寻人物最美的角度进行拍摄，这样在聚焦的时候，画面就能依旧很唯美。

图 1-33　下降运镜动画演示

1.5　后期剪辑

扫码看成品效果

前期拍摄完成多个分镜头素材之后，后期就可以进行剪辑处理了。比如，设置转场、添加音乐、制作字幕和添加滤镜等，制作出一段完整、精美的古风旅拍短视频。

1.5.1　导入拍摄好的视频素材

扫码看教学视频

【效果展示】：在后期剪辑过程中，主要使用的是剪映App，操作简单又方便。在剪辑前，需要在剪映App中导入视频素材，效果展示如图1-34所示。

图 1-34　效果展示

下面介绍在剪映App中导入拍摄好的视频素材的具体操作方法。

步骤 01 在手机中下载好剪映App之后，点击"剪映"图标，如图1-35所示。

步骤 02 进入"剪辑"界面，点击"开始创作"按钮，如图1-36所示。

图 1-35 点击"剪映"图标

图 1-36 点击"开始创作"按钮

★ 专家提醒 ★

1. 在剪映 App 的"剪辑"界面中还有"一键成片""图文成片""拍摄""录屏""创作脚本""提词器""剪同款""创作课堂"等功能按钮。

2. 点击右上角的设置按钮⊚，还可以设置相应的参数，优化剪辑的流畅度。

3. 点击"剪映云"按钮，可以上传视频至云空间，让手机版剪映 App 中的视频也可以在计算机版剪映中下载和编辑。

4. 在"本地草稿"中有"剪辑""模板""图文""脚本"草稿。

步骤03 进入"照片视频"选项卡，❶在"视频"选项区中依次选择16个分镜头素材；❷选中"高清"复选框；❸点击"添加"按钮，如图1-37所示。

步骤04 进入视频编辑界面，点击"关闭原声"按钮，设置全部视频为静音，如图1-38所示。

图 1-37 点击"添加"
按钮

图 1-38 点击"关闭原声"
按钮

1.5.2 设置合适的转场效果

【效果展示】：有些分镜头片段之间的切换可能不自然，这时就可以添加剪映App中自带的转场效果，让视频切换更加流畅，效果展示如图1-39所示。

扫码看教学视频

图 1-39 效果展示

下面介绍在剪映App中设置合适的转场效果的具体操作方法。

步骤01 点击镜头1素材与镜头2素材之间的转场按钮 ┃，如图1-40所示。

步骤02 进入"转场"面板，❶切换至"叠化"选项卡；❷选择"渐变擦除"转场；❸设置时长为0.7s，如图1-41所示。

图 1-40　点击转场按钮（1）　　　　图 1-41　设置时长（1）

步骤03 点击镜头3素材与镜头4素材之间的转场按钮 ┃，如图1-42所示。

步骤04 ❶切换至"运镜"选项卡；❷选择"拉远"转场；❸设置时长为0.4s，如图1-43所示。同理，在镜头5素材与镜头6素材之间添加"推近"运镜转场，并设置时长为0.4s；在镜头7素材与镜头8素材之间添加"拉远"转场，并设置时长为0.4s；在镜头13素材与镜头14素材之间添加"推近"转场，并设置时长为0.4s；在镜头15素材与镜头16素材之间添加"放射"模糊转场。

图 1-42 点击转场按钮（2）

图 1-43 设置时长（2）

1.5.3 添加剪映曲库中的音乐

【效果展示】：在剪映App中有自带的国风曲库，我们可以在众多好听的歌曲中选择一首最适合的，为古风视频增加亮点，画面效果展示如图1-44所示。

扫码看教学视频

图 1-44 画面效果展示

下面介绍在剪映App中添加剪映曲库中的音乐的具体操作方法。

步骤01 在视频的起始位置点击"音频"按钮，如图1-45所示。

步骤02 在弹出的二级工具栏中点击"音乐"按钮，如图1-46所示。

图 1-45　点击"音频"按钮

图 1-46　点击"音乐"按钮

步骤 03 进入"添加音乐"界面，滑动页面并选择"国风"选项，如图1-47所示。

步骤 04 ❶在"国风"界面中选择一首合适的音乐进行试听；❷点击"使用"按钮，如图1-48所示。

步骤 05 即可添加背景音乐，❶选择音频素材；❷拖曳时间轴至视频第17s的位置；❸点击"分割"按钮，如图1-49所示，分割音频素材。

图 1-47　选择"国风"选项

图 1-48　点击"使用"按钮

图 1-49　点击"分割"按钮

步骤 06 ❶ 选择分割后的第一段音频素材；❷ 点击 "删除" 按钮，如图1-50所示。

步骤 07 调整剩下的音频在轨道上的位置，使其与视频的起始位置对齐，如图1-51所示。

步骤 08 ❶ 选择音频素材；❷ 拖曳时间轴至视频末尾的位置；❸ 点击 "分割" 按钮分割音频素材；❹ 点击 "删除" 按钮，如图1-52所示，删除第二段多余的音频素材。

步骤 09 ❶ 选择音频素材；❷ 点击 "淡化" 按钮，如图1-53所示。

图 1-50　点击 "删除" 按钮（1）　　图 1-51　调整剩下的音频在轨道中的位置

步骤 10 设置 "淡出时长" 为1.6s，如图1-54所示，让音乐结束得更加自然。

图 1-52　点击 "删除" 按钮（2）　　图 1-53　点击 "淡化" 按钮　　图 1-54　设置 "淡出时长"

1.5.4　制作烟雾消散效果字幕

【效果展示】：在剪映App中运用识别歌词功能可以识别出歌词作为字幕，再为文字添加烟雾特效，就能制作出消散字幕，效果展示如图1-55所示。

扫码看教学视频

图 1-55　效果展示

下面介绍在剪映App中制作烟雾消散效果字幕的具体操作方法。

步骤01　在视频起始位置点击"文字"按钮，如图1-56所示。

步骤02　在弹出的二级工具栏中点击"识别歌词"按钮，如图1-57所示。

图 1-56　点击"文字"按钮　　　　　图 1-57　点击"识别歌词"按钮

步骤03　在"识别歌词"面板中点击"开始匹配"按钮，如图1-58所示。

步骤04　识别出歌词之后，❶调整最后一段文字的时长，使其末端与视频的末尾对齐；❷点击"批量编辑"按钮，如图1-59所示。

图 1-58　点击"开始匹配"按钮

图 1-59　点击"批量编辑"按钮

步骤 05 为相应的歌词文字添加标点，调整句式，如图1-60所示。

步骤 06 ❶选择第一段文字；❷点击 Aa 按钮，如图1-61所示，编辑文字。

图 1-60　添加标点

图 1-61　点击相应的按钮

步骤 07 ❶展开"书法"选项卡；❷选择合适的字体，如图1-62所示。

步骤 08 ❶切换至"样式"选项卡；❷选择一个样式；❸在"排列"选项区中选择第四个样式；❹设置"缩放"参数为38；❺调整文字的位置，如图1-63所示。

图 1-62　选择字体

图 1-63　调整文字的位置

步骤09 ❶切换至"动画"选项卡；❷选择"打字机Ⅱ"入场动画；❸设置动画时长为2.2s，如图1-64所示。

步骤10 在第一段文字的起始位置点击"画中画"按钮，如图1-65所示。

图 1-64　设置动画时长

图 1-65　点击"画中画"按钮

步骤11 在弹出的二级工具栏中点击"新增画中画"按钮，如图1-66所示。

步骤12 ❶选择烟雾素材；❷点击"添加"按钮，如图1-67所示。

图 1-66 点击"新增画中画"按钮

图 1-67 点击"添加"按钮

步骤13 添加烟雾素材之后，点击"混合模式"按钮，如图1-68所示。

步骤14 ❶在"混合模式"面板中选择"滤色"选项；❷调整烟雾素材的大小和位置，使其覆盖文字，如图1-69所示。

图 1-68 点击"混合模式"按钮

图 1-69 调整烟雾素材的大小和位置

步骤15 点击"复制"按钮，如图1-70所示，复制烟雾素材。

步骤16 调整复制的烟雾素材在轨道中的位置，使其与第二段文字对齐，如图1-71所示。

步骤 17 同理，剩下的文字也采用同样的复制素材和调整操作。部分烟雾素材需要拖曳其右侧的白色拉杆，缩短时长，使之与相应的歌词文字对齐，如图1-72所示。

图 1-70　点击"复制"按钮　　图 1-71　调整素材在轨道中的位置　　图 1-72　缩短素材的时长

1.5.5　添加影视级风格滤镜

【效果对比】：原相机拍摄出来的画面可能不是特别惊艳，可以为视频添加滤镜，让视频色彩更加亮眼，增加古韵，效果对比如图1-73所示。

扫码看教学视频

图 1-73　效果对比

下面介绍在剪映App中添加影视级风格滤镜的具体操作方法。

步骤 01 在视频起始位置点击"滤镜"按钮，如图1-74所示。

步骤 02 ❶在"滤镜"选项卡中展开"影视级"选项区；❷选择"青橙"滤镜；❸点击✓按钮确认操作，如图1-75所示。

图 1-74 点击"滤镜"按钮

图 1-75 点击相应的按钮（1）

步骤03 添加"青橙"滤镜之后，点击"新增滤镜"按钮，如图1-76所示。

步骤04 ❶在"滤镜"选项卡中展开"美食"选项区；❷选择"简餐"滤镜；❸点击✅按钮确认操作，叠加滤镜，让视频画面更亮一些，如图1-77所示。

步骤05 调整两段滤镜的时长，使其与视频的时长对齐，如图1-78所示。

图 1-76 点击"新增滤镜"按钮

图 1-77 点击相应的按钮（2）

图 1-78 调整两段滤镜的时长

第 2 章

宣传视频：《动感健身房》

本章要点

　　宣传视频是带有宣传目的的一种视频，具有商业化性质。宣传片的类型也有很多种，根据类型可以确认宣传的内容，比如宣传企业文化、推广商业产品、树立公司品牌形象等。一段优秀的宣传视频可以为企业打开市场，也可以提升企业的大众知名度，同时起着引流的作用。本章将向大家介绍如何拍摄及制作宣传视频。

2.1 《动感健身房》分镜头演示效果

宣传视频《动感健身房》是由多个分镜头素材构成的，分镜头演示视频是由成品视频与镜头脚本组成的，便于大家欣赏与学习，演示效果如图2-1所示。

扫码看分镜头演示

镜号	画面	运镜	时长
1	拍摄门店的招牌	半环绕运镜	约3s
2	哑铃特写	俯拍下降运镜	约2s
3	健身器械特写	特写升镜头	约2s
4	杠铃特写	特写后拉运镜	约0.5s
5	拍摄教练的形象海报	仰拍前推运镜	约1s
6	人物手握吊环	右摇运镜	约1s
7	人物拿着哑铃	俯拍后拉运镜1	约1s
8	人物举哑铃	俯拍上摇运镜	约1s

镜号	画面	运镜	时长
1	拍摄门店的招牌	半环绕运镜	约3s
2	哑铃特写	俯拍下降运镜	约2s
3	健身器械特写	特写升镜头	约2s
4	杠铃特写	特写后拉运镜	约0.5s
5	拍摄教练的形象海报	仰拍前推运镜	约1s
6	人物手握吊环	右摇运镜	约1s
7	人物拿着哑铃	俯拍后拉运镜1	约1s
8	人物举哑铃	俯拍上摇运镜	约1s

镜号	画面	运镜	时长
1	拍摄门店的招牌	半环绕运镜	约3s
2	哑铃特写	俯拍下降运镜	约2s
3	健身器械特写	特写升镜头	约2s
4	杠铃特写	特写后拉运镜	约0.5s
5	拍摄教练的形象海报	仰拍前推运镜	约1s
6	人物手握吊环	右摇运镜	约1s
7	人物拿着哑铃	俯拍后拉运镜1	约1s
8	人物举哑铃	俯拍上摇运镜	约1s

镜号	画面	运镜	时长
7	人物拿着哑铃	俯拍后拉运镜1	约1s
8	人物举哑铃	俯拍上摇运镜	约1s
9	人物热身	固定特写镜头	约2s
10	人物插掃	俯拍后拉运镜2	约1s
11	人物坐在器材上健身	左摇运镜	约1
12	人物在跑步机上跑步	上升右摇运镜	约4s
13	人物做平板支撑	低角度半环绕镜头	约2s
14	人物在器材上做训练	下降左摇运镜	约2s

镜号	画面	运镜	时长
7	人物拿着哑铃	俯拍后拉运镜1	约1s
8	人物举哑铃	俯拍上摇运镜	约1s
9	人物热身	固定特写镜头	约2s
10	人物插掃	俯拍后拉运镜2	约1s
11	人物坐在器材上健身	左摇运镜	约1s
12	人物在跑步机上跑步	上升右摇运镜	约4s
13	人物做平板支撑	低角度半环绕镜头	约2s
14	人物在器材上做训练	下降左摇运镜	约2s

镜号	画面	运镜	时长
7	人物拿着哑铃	俯拍后拉运镜1	约1s
8	人物举哑铃	俯拍上摇运镜	约1s
9	人物热身	固定特写镜头	约2s
10	人物插掃	俯拍后拉运镜2	约1s
11	人物坐在器材上健身	左摇运镜	约1s
12	人物在跑步机上跑步	上升右摇运镜	约4s
13	人物做平板支撑	低角度半环绕镜头	约2s
14	人物在器材上做训练	下降左摇运镜	约2s

图 2-1　演示效果

2.2 镜头脚本

对宣传视频来说，镜头脚本起着前期策划的作用。只有提前规划和制订拍摄计划，才能指挥具体的拍摄。表2-1所示为《动感健身房》的短视频脚本。

表 2-1 《动感健身房》的短视频脚本

镜号	运镜	画面	设备	时长
1	半环绕运镜	拍摄门店招牌	手持稳定器	约 3s
2	俯拍下降运镜	哑铃特写	手持稳定器	约 2s
3	特写升镜头	健身器械特写	手持稳定器	约 2s
4	特写后拉运镜	杠铃特写	手持稳定器	约 0.5s
5	仰拍前推运镜	拍摄教练的形象海报	手持稳定器	约 1s
6	右摇运镜	人物手握吊环	手持稳定器	约 1s
7	俯拍后拉运镜 1	人物拿着哑铃	手持稳定器	约 1s
8	俯拍上摇运镜	人物举哑铃	手持稳定器	约 1s
9	固定特写镜头	人物热身	手持稳定器	约 2s
10	俯拍后拉运镜 2	人物插捎	手持稳定器	约 1s
11	左摇运镜	人物坐在器材上健身	手持稳定器	约 1s
12	上升右摇运镜	人物在跑步机上跑步	手持稳定器	约 4s
13	低角度半环绕镜头	人物做平板支撑	手持稳定器	约 2s
14	下降左摇运镜	人物在器材上做训练	手持稳定器	约 2s

2.3 拍摄前的准备

在拍摄视频之前，需要对拍摄环境做全面的了解，然后才能确定拍摄内容。在运镜的时候，也需要提前认识一下拍摄设备，比如认识稳定器，这样才能正确运用它，从而拍摄出理想的画面。

1. 了解拍摄环境和分析受众

本视频是关于宣传健身房的视频，所以在拍摄前需要了解健身房有哪些器材、具体空间如何，以及客流量高峰期是哪个时段，然后制订拍摄计划，并且避开人群高峰期实施拍摄。

分析受众，也是拍摄前期一个重要的步骤。视频是为了宣传，主要是给观众观看的，受众决定了视频的风格与内容。在社区健身房视频中，主要的观众是社区居民，如果要将视频发布到短视频平台中，受众范围就会广一些。年轻人也是健身房的主要受众，所以视频风格可以偏年轻、时尚化。

2. 认识手机稳定器

本书采用的手机稳定器是大疆OM 4 SE，如图2-2所示。在手机软件商店里下载好DJI Mimo App，把稳定器与手机装载好，并连接上蓝牙，就可以使用了。稳定器比单一的手持拍摄更加稳定，防抖功能更强大。

图 2-2　大疆 OM 4 SE 手机稳定器

大疆OM 4 SE支持智能跟随3.0、Story模式、动态变焦、分身全景、手势控制、运动延时、轨迹延时、静态延时、旋转模式、慢动作等模式，画面非常稳定，使用也非常方便。

除了大疆OM 4 SE，市场上热销的手机稳定器还有魔爪Mini-S、智云 Smooth Q2、iSteady V2等。无论是哪个品牌或者型号的稳定器，最主要的还是防抖、功能齐全和轻便，至于其他的要求或者额外卖点，大家可以根据自己的经济承受能力进行理性消费。

不过，当你购买了手机稳定器之后，一定要多拍，不能让其"吃灰"。所以对于运镜新手，建议购买性价比较高的稳定器就可以了；而对于器械党，或者从事专业运镜的人员，可以稍微提高经济预算进行购买。

2.4　分镜头片段

宣传视频《动感健身房》的主要内容包括介绍环境、展示健身器械和健身过程。下面将把这些分镜头片段一一展示和演示给大家。

2.4.1　镜头1：半环绕运镜

第1个镜头展示的是环境场景。针对门店的招牌，可以用半环绕运镜的方式，从一侧环绕到另一侧，全方位、多角度地展示和突出醒目的招牌，让观众第一眼就能记住，如图2-3所示。

图 2-3　镜头画面

半环绕运镜动画演示如图2-4所示。在拍摄时，需要拍摄者有目的地从侧面拍摄。比如，从招牌的右侧环绕到左侧。在环绕的过程中，画面非常有动感和能量，让观众的视觉焦点一直聚焦在主体上。

图 2-4　半环绕运镜动画演示

2.4.2　镜头2：俯拍下降运镜

第2个镜头是一个特写镜头，主要是从哑铃台的上方，慢慢下降拍摄。上一个镜头介绍了场外环境，这里开始聚焦于室内的器材，如图2-5所示。

图 2-5　镜头画面

俯拍下降运镜动画演示如图2-6所示。在下降运镜的时候，处于一个俯拍的角度，就如同低头看，让观众更有代入感，像扫视一般地浏览哑铃器材台上各种重量的哑铃。

特写

图 2-6　俯拍下降运镜动画演示

2.4.3　镜头3：特写升镜头

第3个镜头依旧是展示器材的特写镜头，针对器材上这些数字的排列样式，用升降镜头拍摄最合适，如图2-7所示。

图 2-7　镜头画面

特写升镜头动画演示如图2-8所示。在拍摄特写的时候，需要让镜头靠近被摄对象，或者开启长焦模式，放大焦距进行拍摄，这样可以清晰地拍到器材上的细节。在升镜的时候，升到一定的高度即可。

特写

图 2-8　特写升镜头动画演示

2.4.4 镜头4：特写后拉运镜

第4个镜头展示的是杠铃的特写，后拉运镜的范围不是很大，微微后拉即可，同时让轮子微微转动起来，增加画面的动感，如图2-9所示。

图 2-9 镜头画面

特写后拉运镜动画演示如图2-10所示。在后拉运镜拍摄之前可以把轮子转动起来，这样画面就不会显得太单调。

图 2-10 特写后拉运镜动画演示

2.4.5 镜头5：仰拍前推运镜

第5个镜头展示的是教练的海报。由于海报贴得比较高，所以需要仰拍，并在前推运镜拍摄的时候展示相应的细节，如图2-11所示。

图 2-11 镜头画面

仰拍前推运镜动画演示如图2-12所示。如果仰拍前推还是够不着，可以用延长杆增加稳定器的长度，以拍到更高的地方。

图 2-12　仰拍前推运镜动画演示

2.4.6　镜头6：右摇运镜

第6个镜头展示的是人物健身细节。本段是特写手臂画面，镜头也是微微右摇的，只聚焦于人物的手臂，如图2-13所示。

图 2-13　镜头画面

右摇运镜动画演示如图2-14所示。在拍摄时，从侧面拍摄也能突出重点。

图 2-14　右摇运镜动画演示

★ 专家提醒 ★

关于拍摄角度，在第 3 章会有详细的说明，大家可以前往学习。

2.4.7　镜头7：俯拍后拉运镜1

第7个镜头展示的是人物所在场景。此分镜头与上个镜头属于同一个系列，依旧是人物拿健身器材的画面，如图2-15所示。

图 2-15　镜头画面

俯拍后拉运镜动画演示如图2-16所示。俯拍后拉是根据人物手拿哑铃时的动作进行运镜的，属于第一人称的角度，非常具有场景代入感。

近景

图 2-16　俯拍后拉运镜动画演示

2.4.8　镜头8：俯拍上摇运镜

第8个镜头展示的是人物健身的画面，即在上个镜头拍摄完手拿哑铃之后，本镜头将开始拍摄举哑铃运动，如图2-17所示。

图 2-17　镜头画面

　　俯拍上摇运镜动画演示如图2-18所示。拍摄者将画面焦点聚焦在手臂和哑铃上，在人物躺着举哑铃的时候，手臂是一上一下运动的。在手臂平放的时候，镜头只是俯拍的；当手臂抬起哑铃的时候，就可以上摇镜头，跟着手臂运动。

图 2-18　俯拍上摇运镜动画演示

2.4.9　镜头9：固定特写镜头

　　第9个镜头展示的是人物跑步热身的场景。本镜头需要拍摄者以低角度拍摄，在构图时，以镜子为分割线，采用对称构图，如图2-19所示。

图 2-19　镜头画面

　　固定特写镜头动画演示如图2-20所示。在拍摄固定镜头时，手机稳定器有自带的三脚架，从而方便进行固定拍摄。

图 2-20　固定特写镜头动画演示

2.4.10　镜头10：俯拍后拉运镜2

第10个镜头展示的是人物的动作。这次转换了运动器材，所以教练需要插销，用俯拍后拉运镜展示这一情节，如图2-21所示。

图 2-21　镜头画面

俯拍后拉运镜动画演示如图2-22所示。在拍摄的时候，需要与被拍摄对象提前做好交流，告知对方该如何做动作。

图 2-22　俯拍后拉运镜动画演示

2.4.11　镜头11：左摇运镜

第11个镜头展示的是人物坐在器材上运动的画面。在上个镜头之后，人物开始做相应的器械运动，利用左摇运镜把画面焦点慢慢聚焦于人物手上，如图2-23所示。

图 2-23　镜头画面

左摇运镜动画演示如图2-24所示。镜头微微左摇，让人物手臂运动的画面更加具有动感，也能突出画面重点。

特写

图 2-24　左摇运镜动画演示

2.4.12　镜头12：上升右摇运镜

第12个镜头展示的是跑步场景。从跑步机前端上升镜头并右摇，让人物进入画面，展示人物跑步的画面，如图2-25所示。

图 2-25　镜头画面

上升右摇运镜动画演示如图2-26所示。利用跑步机前端的空镜头做转场连接画面，在上升右摇镜头的过程中，画面中的主体由物转移到人，并且以斜角度拍摄，画面更有立体感和层次感。

近景

图 2-26　上升右摇运镜动画演示

2.4.13　镜头13：低角度半环绕镜头

第13个镜头展示的是人物。在人物做平板支撑的时候，从拍摄脚部环绕到拍摄头部，也就是从脚环绕运镜到头，如图2-27所示。

图 2-27　镜头画面

低角度半环绕镜头动画演示如图2-28所示。在以低角度拍摄的时候，拍摄者可以半蹲和弯腰，在环绕的过程中，全方位展示人物运动的状态。

图 2-28　低角度半环绕镜头动画演示

2.4.14　镜头14：下降左摇运镜

第14个镜头展示的是人物近景。此时继续把镜头聚焦在人物身上，用人物做结尾镜头，在下降左摇镜头的过程中宣告视频结束，如图2-29所示。

图 2-29　镜头画面

下降左摇运镜动画演示如图2-30所示。首先拍摄人物，然后下降左摇镜头，不再拍摄人物的脸，也代表视频结束了。

近景

图 2-30　下降左摇运镜动画演示

2.5　后期剪辑

在剪辑视频的时候，首先是分割和删除多余的片段，再用变速功能加快视频的播放速度，然后再添加音乐和文字，最后调整色彩和添加特效，制作出一段完整的视频。

2.5.1　分割和删除多余的片段

【效果展示】：在拍摄时，镜头的前后可能有些许晃动，也可能有不需要的画面，这时就可以在剪映App中分割和删除多余的片段，效果展示如图2-31所示。

扫码看教学视频　扫码看成品效果

图 2-31　效果展示

下面介绍在剪映App中分割和删除多余的片段的具体操作方法。

步骤01 打开剪映App，点击"开始创作"按钮，进入"照片视频"选项卡，❶在"视频"选项区中依次选择14个分镜头素材；❷选中"高清"复选框；❸点击"添加"按钮，如图2-32所示。

步骤02 即可把视频添加到剪映中，并进入视频编辑界面，如图2-33所示。

图 2-32　点击"添加"按钮

图 2-33　进入视频编辑界面

步骤03 ❶选择需要分割的视频素材；❷拖曳时间轴至视频第26s的位置；❸点击"分割"按钮，如图2-34所示，分割视频素材。

步骤04 默认选择分割后的第二段视频，点击"删除"按钮，如图2-35所示，删除多余的片段。

图 2-34　点击"分割"按钮

图 2-35　点击"删除"按钮

2.5.2　为视频设置常规变速效果

【效果展示】：对于健身宣传视频，可以将视频的播放速度加快一些，而针对需要慢速处理的部分，也可以进行减速和智能补帧，效果展示如图2-36所示。

扫码看教学视频

图 2-36　效果展示

下面介绍在剪映App中为视频设置常规变速效果的具体操作方法。

步骤01　❶选择镜头13素材；❷点击"变速"按钮，如图2-37所示。

步骤02　在弹出的二级工具栏中点击"常规变速"按钮，如图2-38所示。

步骤03　拖曳滑块，设置变速参数为2.0×，加快视频的播放速度，如图2-39所示。

图 2-37　点击"变速"按钮　　图 2-38　点击"常规变速"按钮（1）　图 2-39　设置变速参数为2.0x

步骤04　❶选择最后一个镜头素材；❷依次点击"变速"按钮和"常规变速"按钮，如图2-40所示。

步骤 05 拖曳滑块，设置变速参数为1.7x，继续加快视频的播放速度，如图2-41所示。

图 2-40 点击"常规变速"按钮（2）

图 2-41 设置变速参数为 1.7x

步骤 06 ❶选择第一个镜头素材，依次点击"变速"按钮和"常规变速"按钮；❷设置变速参数为0.9×；❸选中"智能补帧"复选框；❹点击☑按钮确认操作，如图2-42所示。

步骤 07 界面中弹出"生成顺滑慢动作成功"的提示，即完成操作，如图2-43所示。

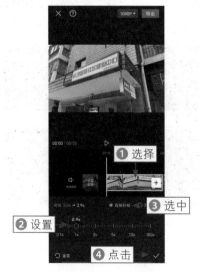

图 2-42 点击相应的按钮

图 2-43 弹出"生成顺滑慢动作"提示

2.5.3　用提取音乐功能添加音乐

扫码看教学视频

【效果展示】：如果别的视频中有好听的音乐，可以用提取音乐功能提取和使用，这样不用搜索歌名也能添加音乐了，画面效果展示如图2-44所示。

图 2-44　画面效果展示

下面介绍在剪映App中用提取音乐功能添加音乐的具体操作方法。

步骤 01　在视频的起始位置点击"音频"按钮，如图2-45所示。

步骤 02　在弹出的二级工具栏中点击"提取音乐"按钮，如图2-46所示。

图 2-45　点击"音频"按钮　　　图 2-46　点击"提取音乐"按钮

步骤 03　❶在"照片视频"选项卡中选择有音乐的视频素材；❷点击"仅导入视频的声音"按钮，如图2-47所示。

步骤 04　在视频下方会生成一条音频轨道，即成功添加了音乐，如图2-48所示。

图 2-47　点击"仅导入视频的声音"按钮

图 2-48　生成一条音频轨道

2.5.4　为视频添加主题文字

【效果展示】：在剪映中为视频添加主题文字，可以让观众清楚地了解视频内容，而且添加有特色一点的文字，还能为画面增光增色，效果展示如图2-49所示。

扫码看教学视频

图 2-49　效果展示

下面介绍在剪映App中为视频添加主题文字的具体操作方法。

步骤 01 在镜头7素材的起始位置点击"文字"按钮，如图2-50所示。

步骤 02 在弹出的二级工具栏中点击"文字模板"按钮，如图2-51所示。

步骤 03 ❶展开"情绪"选项区；❷选择一款文字模板；❸更改文字内容；❹调整文字的大小；❺点击✓按钮确认操作，如图2-52所示。

图 2-50　点击"文字"按钮

图 2-51　点击"文字模板"按钮

步骤04 ❶调整文字的时长，使其与镜头7素材的时长对齐；❷点击"编辑"按钮，如图2-53所示。

步骤05 ❶切换至"字体"选项卡；❷选择合适的字体，如图2-54所示。

图 2-52　点击相应按钮

图 2-53　点击"编辑"按钮

图 2-54　选择字体

2.5.5 调节参数调整画面色彩

【效果展示】：对于健身类的视频，可以将画面色调调整得偏暗一些，再设置调节参数以增强画面质感，让画面色彩更加大气，效果展示如图2-55所示。

扫码看教学视频

图 2-55　效果展示

下面介绍在剪映App中通过调节参数调整画面色调的具体操作方法。

步骤01 ❶选择第一个镜头片段；❷点击"滤镜"按钮，如图2-56所示。

步骤02 ❶在"滤镜"选项卡中展开"复古胶片"选项区；❷选择"德古拉"滤镜；❸设置参数为100，让视频变暗一些，如图2-57所示。

图 2-56　点击"滤镜"按钮　　　　图 2-57　设置参数为100

步骤03 点击"全局应用"按钮，为所有的镜头素材都添加同一种滤镜，如图2-58所示。

步骤 04 ❶切换至"调节"选项卡；❷选择"饱和度"选项；❸设置该参数为9，提高画面色彩的饱和度，如图2-59所示。

图 2-58　点击"全局应用"按钮（1）

图 2-59　设置"饱和度"参数为 9

步骤 05 ❶选择"对比度"选项；❷设置该参数为6，稍微提高一下画面的明暗对比，如图2-60所示。

步骤 06 点击"全局应用"按钮，让所有的镜头素材都应用一样的调节参数，如图2-61所示。

图 2-60　设置"对比度"参数为 6

图 2-61　点击"全局应用"按钮（2）

2.5.6 马赛克不需要的画面

【效果对比】：在拍视频的时候，有时无意中会拍到路人或者一些隐私化的物品，这时就可以在剪映中对不需要的画面进行马赛克处理，效果展示如图2-62所示。

扫码看教学视频

图 2-62　效果展示

下面介绍在剪映App中对不需要的画面进行马赛克处理的具体操作方法。

步骤01 在镜头6素材的起始位置点击"贴纸"按钮，如图2-63所示。

步骤02 ❶搜索"马赛克"；❷选择一款贴纸；❸调整贴纸的大小和位置，使其覆盖车牌号，如图2-64所示。长按相应的贴纸，就可以收藏该贴纸；取消收藏也使用长按操作。

图 2-63　点击"贴纸"按钮

图 2-64　调整贴纸的大小和位置

步骤03 ❶调整贴纸的时长，使其与镜头6素材的时长对齐；❷在贴纸的起始位置点击◇按钮添加关键帧，如图2-65所示。

步骤 04 ❶拖曳时间轴至贴纸的末尾位置；❷调整贴纸在画面中的位置，使其一直覆盖车牌号，如图2-66所示。

图 2-65　点击相应的按钮

图 2-66　调整贴纸在画面中的位置

2.5.7　添加结尾闭幕特效

扫码看教学视频

【效果对比】：在视频快要结束的时候，可以添加一些闭幕特效，让观众知道视频将要结束了。同时，也可以让视频看起来更专业，效果展示如图2-67所示。

图 2-67　效果展示

下面介绍在剪映App中添加结尾闭幕特效的具体操作方法。

步骤 01 在视频末尾即第25s的位置点击"特效"按钮，如图2-68所示。

步骤 02 在弹出的二级工具栏中点击"画面特效"按钮，如图2-69所示。

图 2-68　点击"特效"按钮

图 2-69　点击"画面特效"按钮

步骤03 ❶切换至"基础"选项卡；❷选择"横向闭幕"特效，如图2-70所示。

步骤04 点击☑️按钮确认操作，即可添加"横向闭幕"特效，如图 2-71 所示。

图 2-70　选择"横向闭幕"特效

图 2-71　添加"横向闭幕"特效

第 3 章
公园游记：《惬意清晨时光》

本章要点　　公园是每个城市都有的小景点，对新手来说，若不知道在哪里着手拍摄，就可以选择公园场景，怎么拍都不会出错。公园里一些有特色的建筑、植被都可以作为拍摄背景，还能为视频增添趣味。在拍摄休闲记录类视频的时候，模特也可以穿得休闲一些，传递出慵懒、闲适的感觉。

3.1 《惬意清晨时光》分镜头演示效果

公园游记《惬意清晨时光》短视频是由多个分镜头片段构成的，分镜头演示视频是由成品视频与镜头脚本组成的，便于大家欣赏与学习，演示效果如图3-1所示。

扫码看分镜头演示

镜号	画面	运镜	时长
1	拍摄树叶	仰拍前推运镜	约3s
2	高角度俯拍人物	俯拍前推镜头	约2s
3	拍摄人物行走	侧面跟随上升	约5s
4	拍摄风景	前推下摇运镜	约3s
5	拍摄人物坐着的背面	后拉运镜	约6s
6	拍摄风景	仰拍旋转运镜	约6s
7	人物坐着看书	固定全景镜头	约3s
8	人物脸部特写	俯拍后拉运镜	约3s

镜号	画面	运镜	时长
1	拍摄树叶	仰拍前推运镜	约3s
2	高角度俯拍人物	俯拍前推镜头	约2s
3	拍摄人物行走	侧面跟随上升	约5s
4	拍摄风景	前推下摇运镜	约3s
5	拍摄人物坐着的背面	后拉运镜	约6s
6	拍摄风景	仰拍旋转运镜	约6s
7	人物坐着看书	固定全景镜头	约3s
8	人物脸部特写	俯拍后拉运镜	约3s

镜号	画面	运镜	时长
1	拍摄树叶	仰拍前推运镜	约3s
2	高角度俯拍人物	俯拍前推镜头	约2s
3	拍摄人物行走	侧面跟随上升	约5s
4	拍摄风景	前推下摇运镜	约3s
5	拍摄人物坐着的背面	后拉运镜	约6s
6	拍摄风景	仰拍旋转运镜	约6s
7	人物坐着看书	固定全景镜头	约3s
8	人物脸部特写	俯拍后拉运镜	约3s

镜号	画面	运镜	时长
9	人物翻书的动作	固定特写镜头	约2s
10	拍摄风景	仰拍左摇运镜	约6s
11	人物在另一个场景中	背面跟随镜头	约2s
12	人物在草地上行走	低角度跟随	约3s
13	人物在草地上行走	侧面跟随镜头	约3s
14	拍摄风景植物	横移镜头	约3s
15	人物穿越小路	背面跟随上升	约5s
16	人物看风景	上升右摇运镜	约5s

镜号	画面	运镜	时长
9	人物翻书的动作	固定特写镜头	约2s
10	拍摄风景	仰拍左摇运镜	约6s
11	人物在另一个场景中	背面跟随镜头	约2s
12	人物在草地上行走	低角度跟随	约3s
13	人物在草地上行走	侧面跟随镜头	约3s
14	拍摄风景植物	横移镜头	约3s
15	人物穿越小路	背面跟随上升	约5s
16	人物看风景	上升右摇运镜	约5s

镜号	画面	运镜	时长
9	人物翻书的动作	固定特写镜头	约2s
10	拍摄风景	仰拍左摇运镜	约6s
11	人物在另一个场景中	背面跟随镜头	约2s
12	人物在草地上行走	低角度跟随	约3s
13	人物在草地上行走	侧面跟随镜头	约3s
14	拍摄风景植物	横移镜头	约3s
15	人物穿越小路	背面跟随上升	约5s
16	人物看风景	上升右摇运镜	约5s

图 3-1　演示效果

3.2　镜头脚本

表3-1所示为《惬意清晨时光》短视频的脚本。

表 3-1　《惬意清晨时光》短视频的脚本

镜号	运镜	画面	设备	时长
1	仰拍前推运镜	拍摄树叶	手持稳定器	约 3s
2	俯拍前推镜头	高角度俯拍人物	手持稳定器	约 2s
3	侧面跟随上升	拍摄人物行走	手持稳定器	约 5s
4	前推下摇运镜	拍摄风景	手持稳定器	约 3s
5	后拉运镜	拍摄人物坐着的背面	手持稳定器	约 6s
6	仰拍旋转运镜	拍摄风景	手持稳定器	约 6s
7	固定全景镜头	人物坐着看书	手持稳定器	约 3s
8	俯拍后拉运镜	人物脸部特写	手持稳定器	约 3s
9	固定特写镜头	人物翻书的动作	手持稳定器	约 2s
10	仰拍左摇运镜	拍摄风景	手持稳定器	约 6s
11	背面跟随镜头	人物在另一个场景中行走	手持拍摄	约 2s
12	低角度跟随镜头	人物在草地上行走	手持稳定器	约 3s
13	侧面跟随镜头	人物在草地上行走	手持稳定器	约 3s
14	横移镜头	拍摄风景植物	手持稳定器	约 3s
15	背面跟随上升	人物穿越小路	手持稳定器	约 5s
16	上升右摇运镜	人物看风景	手持稳定器	约 5s

3.3　拍摄技巧——认识拍摄角度

认识拍摄角度可以为我们的拍摄实战打好理论基础，对于镜头角度，我们可以从两个层面进行划分，从垂直和水平变化中进行角度分类，将拍摄角度分为两大类。

3.3.1　垂直分类

从垂直方向上划分，可以将镜头角度分为三类，即平拍角度、俯视角度和仰视角度。

1. 平拍角度

平拍角度是使用最多的拍摄角度，从水平面进行平行拍摄，画面效果符合人眼的视觉习惯，可以使被摄对象看起来比较亲切和自然，也可以让主体看起来比较匀称。比如，用平拍角度拍摄建筑等物体，可以最大化地体现建筑的对称感，如图3-2所示。

图 3-2　平拍角度画面

平拍角度的缺点就是太常见了，没有新意，会给人枯燥感。

2. 俯视角度

俯视角度需要拍摄者在比较高的位置进行拍摄。俯视角度下的画面深度比较宽广，也能尽量展现被摄对象的立体感，还可以用来交代地理环境，或者营造压抑或低沉的气氛；如果用来拍人，微微的俯视角度可以修饰人物的脸型和五官，让人物更加上镜。俯视角度画面如图3-3所示。

图 3-3　俯视角度画面

拍摄者可以站到高处进行俯拍，也可以利用延长杆或者抬高手臂进行俯拍，还可以用无人机等设备进行上帝视角俯拍。

3. 仰视角度

当在杂乱的环境中拍摄某一对象时，用仰视的镜头角度进行拍摄，以天空为背景，可以让画面背景变得简洁，从而更好地突出主体。仰拍的时候，镜头一般会与地面水平线产生一定的角度，所以在拍摄建筑时，可以凸显其高大和雄伟；在拍摄人物全身时，还有增高的效果。仰视角度画面如图3-4所示。

图 3-4 仰视角度画面

3.3.2 水平分类

从水平方向上划分，则可以将镜头角度分为三大类，即正面角度、侧面角度和背面角度。

1. 正面角度

正面角度可以直接展示人物的神态与动作，因此比较正式和庄重。正面角度也可以比较准确、直接地展示人物，给观众强烈的冲击感。用正面角度拍摄建筑等物体，可以突出建筑的对称感和宏伟气势。如果在一段视频中，正面角度过多，也会使画面显得过于呆板和平淡，缺乏张力。正面角度画面如图3-5所示。

图 3-5 正面角度画面

2. 侧面角度

侧面角度是在被摄对象90°的位置进行拍摄的角度，有正侧面和斜侧面之分。侧面角度不同于正面角度，侧面角度可以消除画面的呆板，让画面显得活泼和自然。在拍摄风景时，可以突出立体感、透视感和空间感；在拍摄人物时，可以使人物的脸显得小，同时凸显人物的轮廓美。侧面角度画面如图3-6所示。在影视拍摄中，侧面角度也是使用最多的角度，尤其是在对话场景中。

图 3-6　侧面角度画面

3. 背面角度

背面角度是指镜头光轴与被摄对象的视线夹角呈180°，用来拍摄人物的背面。逆光下的背面角度呈剪影，带有一定的神秘感，画面比较含蓄，给人留下无限的遐想空间。背面角度画面如图3-7所示。

图 3-7　背面角度画面

最后，无论选择哪种拍摄角度，都应根据被摄对象和拍摄主题展开拍摄。在拍摄时，还要考虑光线、场景与构图之间的关系，变化相应的角度，让画面更加完美。

3.4　分镜头片段

《惬意清晨时光》公园游记的分镜头片段来源于镜头脚本，根据脚本内容拍摄出了十几个分镜头。下面将把这些分镜头片段一一展示和演示给大家。

3.4.1 镜头1：仰拍前推运镜

第1个镜头展示的是环境，拍摄树叶画面作为开场镜头。在拍摄树叶的时候，需要以仰视角度逆光拍摄，让光透过树叶，这样画面就非常透亮，如图3-8所示。

图 3-8 镜头画面

仰拍前推运镜动画演示如图3-9所示。拍摄者把镜头对着高处的树叶进行仰拍，并选择逆光的位置，把手机向高处前推，以向树叶靠近一些。

图 3-9 仰拍前推运镜动画演示

3.4.2 镜头2：俯拍前推镜头

第2个镜头展示的是人物。用叶子做前景，俯拍人物，揭示人物的出场，叶子元素也刚好与上一个分镜头画面无缝衔接，如图3-10所示。

图 3-10 镜头画面

俯拍前推镜头动画演示如图3-11所示。在俯拍的时候，需要提前找好机位。寻找一根比较低矮的树枝，把手机放在上面。在人物进入画面的时候，微微前推镜头，让画面焦点聚焦在人物身上，同时前景的叶子也能修饰画面，以大衬小，让人物更加上镜。

图 3-11　俯拍前推镜头动画演示

3.4.3　镜头3：侧面跟随上升

第3个镜头展示的是人物。在人物缓慢行走的时候，镜头从人物侧面跟随上升，揭示人物进场，如图3-12所示。

图 3-12　镜头画面

侧面跟随上升运镜动画演示如图3-13所示。镜头与人物保持一定的距离，在人物侧面拍摄人物的腰部位置，在跟随的过程中上升镜头，拍摄人物的头部。

图 3-13　侧面跟随上升运镜动画演示

3.4.4　镜头4：前推下摇运镜

第4个镜头展示的是环境，主要利用树叶做遮挡，前推并下摇镜头，拍摄凉亭，如图3-14所示。

图 3-14　镜头画面

前推下摇运镜动画演示如图3-15所示。在前推镜头之前，需要以一定的仰角进行拍摄。在前推镜头的过程中，下摇镜头到平拍的角度，这时画面中的树叶面积变小，亭子成为主体。

图 3-15　前推下摇运镜动画演示

3.4.5　镜头5：后拉运镜

第5个镜头展示的是坐在亭子中的人。亭子是上个分镜头中的元素，刚好与本镜头画面衔接在一起。在拍摄时，让人物坐在阳光照射到的地方，这样在拍摄的时候，画面光线会具有层次感，如图3-16所示。

图 3-16　镜头画面

后拉运镜动画演示如图3-17所示。在开始拍摄的时候，镜头可以稍微离人物近一些，这样在后拉的时候，就会有一定的幅度变化，直到画面中的环境内容渐渐变多，人物也由大变小了一些。

图 3-17　后拉运镜动画演示

3.4.6　镜头6：仰拍旋转运镜

第6个镜头展示的是环境。在拍摄空镜头的时候，比如仰拍树叶或者建筑，可以天空为背景，让画面看起来更简洁，如图3-18所示。

图 3-18　镜头画面

仰拍旋转运镜动画演示如图3-19所示。拍摄者可以选择用手机仰拍风景，在拍摄取景时，也可以稍微留白，让画面看起来不那么拥挤。

图 3-19　仰拍旋转运镜动画演示

3.4.7　镜头7：固定全景镜头

第7个镜头展示的是人物——人物坐在亭子里看书。这个镜头展示的是全景画面，介绍人物与其周边的环境，如图3-20所示。

图 3-20　镜头画面

固定全景镜头动画演示如图3-21所示。在拍摄时，从人物的侧面拍摄，可以让人物看书的画面更有代入感，利用柱子做前景，也能增强画面的纵深感。

图 3-21　固定全景镜头动画演示

3.4.8　镜头8：俯拍后拉运镜

第8个镜头展示的是人物。在人物低头看书的时候，从人物的另一侧面俯拍，具有第一人称代入感，如图3-22所示。

图 3-22　镜头画面

俯拍后拉运镜动画演示如图3-23所示。由于人物是坐着看书的，所以俯拍是最适合旁观者观察的拍摄角度。在俯拍后拉运镜的时候，后拉幅度并不是很大，主要焦点还是在人物的脸部神情上，突出人物看书的专注。

图 3-23　俯拍后拉运镜动画演示

3.4.9　镜头9：固定特写镜头

第9个镜头展示的是特写场景。在拍摄人物看书的场景时，利用特写镜头可以让画面更有层次感，从全景到近景，再到特写，逐渐深入，让人有一种沉浸感，如图3-24所示。

图 3-24　镜头画面

固定特写镜头动画演示如图3-25所示。在拍摄特写镜头时，需要找好主体，本分镜头的主体是人物的手和书，主要拍摄人物翻书的动作特写。

图 3-25　固定特写镜头动画演示

3.4.10　镜头10：仰拍左摇运镜

第10个镜头展示的是环境。在转换场景的时候，中间插入一个空镜头，可以起到让镜头自然切换的效果，画面依旧是亭子与树叶元素，如图3-26所示。

图 3-26　镜头画面

仰拍左摇运镜动画演示如图3-27所示。拍摄者在仰拍的时候，开始先保持亭子与树叶元素各占画面的一半，然后在左摇镜头的时候，让树叶变成画面的主体。

图 3-27　仰拍左摇运镜动画演示

3.4.11　镜头11：背面跟随镜头

第11个镜头展示的是人物。从人物的背面进行跟随拍摄，记录人物在另一个场景中行走的画面，如图3-28所示。

图 3-28　镜头画面

背面跟随镜头动画演示如图3-29所示。在拍摄背面跟随镜头的时候，拍摄者需要与人物的行走速度保持一致，最好保持景别不变，也就是在行走的过程中，拍摄者与人物之间始终保持一定的距离。

图 3-29　背面跟随镜头动画演示

3.4.12　镜头12：低角度跟随镜头

第12个镜头展示的依旧是人物行走的画面，与上个分镜头片段不同的是，本片段画面是以低角度跟随拍摄的，拍摄场景换到了草地上，如图3-30所示。

图 3-30　镜头画面

低角度跟随镜头动画演示如图3-31所示。在进行低角度拍摄的时候，拍摄者可以倒拿手机稳定器进行跟随拍摄，这样就可以拍摄到地面上人物脚部的画面。

图 3-31　低角度跟随镜头动画演示

3.4.13　镜头13：侧面跟随镜头

第13个镜头展示的是人物侧面。这个分镜头与上一个低角度跟随镜头属于同一组的范围，主要在侧面跟随拍摄人物行走的全景画面，如图3-32所示。

图 3-32　镜头画面

侧面跟随镜头动画演示如图3-33所示。拍摄者在跟随拍摄人物侧面行走画面的时候，可以让人物走慢一些，这样就能跟上对方的步伐。

全景

图 3-33　侧面跟随镜头动画演示

3.4.14　镜头14：横移镜头

第14个镜头展示的是环境。在拍摄植物的时候，横移镜头可以体现植物水平方向的变化，起到转换焦点或者主体的作用，如图3-34所示。

图 3-34　镜头画面

横移镜头动画演示如图3-35所示。在拍摄横移画面的时候，镜头移动的连贯性很重要，所以需要保证移镜速度均匀、镜头的移动方向也不偏不倚。

图 3-35　横移镜头动画演示

3.4.15　镜头15：背面跟随上升

第15个镜头展示的是人物。在人物从小路中穿过的时候，从人物的背面进行跟随拍摄，并升高镜头，展示更多的环境内容，如图3-36所示。

图 3-36　镜头画面

背面跟随上升运镜动画演示如图3-37所示。在开始的时候，拍摄者可以让镜头稍微低一点，这样画面就以人物的背影为主，后面在跟随上升拍摄的时候，人物就变小了，环境内容也变多了，画面也变得更加宽广了。

图 3-37　背面跟随上升运镜动画演示

3.4.16 镜头16：上升右摇运镜

第16个镜头展示的是人物。作为最后一个镜头，让人物被遮挡住就能直接宣告视频已经要结束了，如图3-38所示。

图 3-38 镜头画面

上升右摇运镜动画演示如图3-39所示。在取景的时候，需要找寻遮挡物，比如树叶或者建筑。在上升运镜的时候右摇拍摄前景，让前景遮挡住人物。

图 3-39 上升右摇运镜动画演示

3.5 后期剪辑

在后期剪辑的时候，针对某些片段，可以倒放视频，也可以添加素材库中的转场，还可以对人物片段进行美颜美体处理，让视频效果更加精美。

3.5.1 倒放镜头片段

【效果展示】：倒放是剪映App一个重要的功能，可以实现视频回放的效果，也能改变运镜方式，比如让降镜头变成升镜头，效果展示如图3-40所示。

扫码看教学视频　　扫码看成品效果

图 3-40　效果展示

下面介绍在剪映App中倒放镜头片段的具体操作方法。

步骤01 在剪映App中依次导入16个分镜头片段，❶选择最后一个素材片段；❷点击"倒放"按钮，如图3-41所示。

步骤02 界面中弹出"倒放完成"提示，即成功完成了倒放操作，如图3-42所示。

图 3-41　点击"倒放"按钮　　　　　　　　图 3-42　弹出"倒放完成"提示

3.5.2　添加素材库中的转场

【效果展示】：剪映的素材库中有很多素材，大家可以在选项区中选择转场素材，也可以输入关键词搜索转场素材，效果展示如图3-43所示。

扫码看教学视频

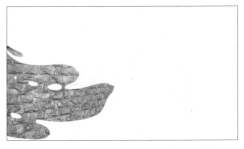

图 3-43　效果展示

下面介绍在剪映App中添加素材库中的转场的具体操作方法。

步骤01 点击镜头1素材与镜头2素材之间的转场按钮 ，进入"转场"面板；❶切换至"叠化"选项卡；❷选择"色彩溶解"转场；❸设置时长为0.4s，如图3-44所示。

步骤02 在镜头11素材的起始位置点击"画中画"按钮，如图3-45所示。

步骤03 在弹出的二级工具栏中点击"新增画中画"按钮，如图3-46所示。

图 3-44　设置时长　　　图 3-45　点击"画中画"按钮　　　图 3-46　点击"新增画中画"按钮（1）

步骤04 ❶切换至"素材库"选项卡；❷展开"转场"选项区；❸选择一段转场素材；❹点击"添加"按钮，如图3-47所示。

步骤05 ❶调整转场素材的画面大小；❷设置转场素材的时长为1.5s；❸点击"混合模式"按钮，如图3-48所示。

图 3-47　点击"添加"按钮（1）

图 3-48　点击相应的按钮

步骤 06 在弹出的"混合模式"面板中选择"滤色"选项，如图3-49所示。

步骤 07 在镜头 15 素材的起始位置点击"新增画中画"按钮，如图 3-50 所示。

图 3-49　选择"滤色"选项（1）

图 3-50　点击"新增画中画"按钮（2）

步骤 08 ❶切换至"素材库"选项卡；❷点击搜索栏，如图3-51所示。

步骤 09 ❶输入"转场"并搜索；❷选择一段转场素材；❸点击"添加"按钮，如图3-52所示。

图 3-51　点击搜索栏

图 3-52　点击"添加"按钮（2）

步骤 10　❶ 调整转场素材的画面；❷ 点击"混合模式"按钮，如图 3-53 所示。

步骤 11　在弹出的"混合模式"面板中选择"滤色"选项，如图3-54所示。

图 3-53　点击"混合模式"按钮

图 3-54　选择"滤色"选项（2）

3.5.3 为人像进行美颜美体处理

【效果展示】：对于有人物出现的镜头片段，可以对人物进行美颜美体处理，让皮肤变得白嫩，使身材变得更好，效果展示如图3-55所示。

扫码看教学视频

图 3-55　效果展示

下面介绍在剪映App中对人物进行美颜美体处理的具体操作方法。

步骤01 ❶选择镜头2素材；❷点击"美颜美体"按钮，如图3-56所示。

步骤02 在弹出的二级工具栏中点击"美颜"按钮，如图3-57所示。

图 3-56　点击"美颜美体"按钮　　　图 3-57　点击"美颜"按钮

步骤03 ❶选择"美白"选项；❷设置该参数为100；❸点击"全局应用"按钮，如图3-58所示。

步骤04 在对话框中点击"确认"按钮，让所有人物片段中的人物都变白，如图3-59所示。

图 3-58　点击"全局应用"按钮　　　　图 3-59　点击"确认"按钮

步骤05 选择镜头8素材，❶在"美颜"选项卡中选择"磨皮"选项；❷设置该参数为50，让皮肤更光滑，如图3-60所示。

步骤06 ❶选择镜头13素材；❷依次点击"美颜美体"按钮和"美体"按钮，如图3-61所示。

图 3-60　设置磨皮参数　　　　图 3-61　点击"美体"按钮

步骤07 ❶选择"长腿"选项；❷设置该参数为30，为人物增高，如图3-62所示。

步骤 08 同理，选择镜头15片段，设置"瘦身"和"瘦腰"参数为30，让身材更加完美，部分参数设置如图3-63所示，剩下的人物镜头都可以根据需要进行美颜美体处理。

图 3-62　设置长腿参数

图 3-63　设置参数

3.5.4　制作文艺感片头

【效果展示】：为视频制作片头文字，可以让观众第一眼就了解视频主题，再通过添加特效，可以让文字具有文艺气息，效果展示如图3-64所示。

扫码看教学视频

图 3-64　效果展示

下面介绍在剪映App中制作文艺感片头的具体操作方法。

步骤 01 在视频起始位置点击"文字"按钮，如图3-65所示。

步骤 02 在弹出的二级工具栏中点击"文字模板"按钮，如图3-66所示。

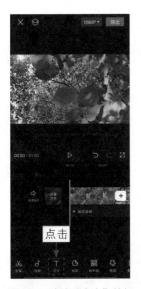

图 3-65　点击"文字"按钮

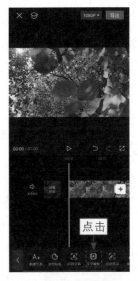

图 3-66　点击"文字模板"按钮

步骤03 ❶ 展开"片头标题"选项区；❷ 选择一款文字模板，如图 3-67 所示。

步骤04 点击✓按钮，调整文字的时长，使其持续时长为 2s，如图 3-68 所示。

图 3-67　选择一款文字模板

图 3-68　调整文字的持续时长

步骤05 在视频起始位置点击"特效"按钮，如图3-69所示。

步骤06 在弹出的二级工具栏中点击"画面特效"按钮，如图3-70所示。

步骤07 ❶切换至Bling选项卡；❷选择"温柔细闪"特效，如图3-71所示。

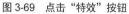

图 3-69　点击"特效"按钮　　图 3-70　点击"画面特效"按钮　　图 3-71　选择"温柔细闪"特效

3.5.5　调出清新色调

【效果展示】：为了让视频的画面色彩看起来更加明亮，可以为视频调出清新色调，展现春天的感觉，让人感到心情愉悦，效果展示如图3-72所示。

扫码看教学视频

图 3-72　效果展示

下面介绍在剪映App中调出清新色调的具体操作方法。

步骤01 在视频起始位置点击"滤镜"按钮，如图3-73所示。

步骤02 ❶在"滤镜"选项卡中展开"风景"选项区；❷选择"绿妍"滤镜；❸设置该参数为70；❹点击✓按钮确认操作，如图3-74所示。

步骤03 添加"绿妍"滤镜之后，点击"新增滤镜"按钮，如图3-75所示。

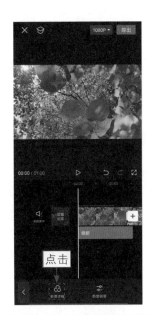

图 3-73　点击"滤镜"按钮　　图 3-74　点击相应的按钮（1）　　图 3-75　点击"新增滤镜"按钮

步骤 04 ❶在"滤镜"选项卡中展开"美食"选项区；❷选择"简餐"滤镜；❸设置该参数为100；❹点击 ✔ 按钮确认操作，叠加滤镜让画面更亮一些，如图3-76所示。

步骤 05 调整两段滤镜的时长，使其与视频的时长对齐，如图3-77所示。

图 3-76　点击相应的按钮（2）　　　　　图 3-77　调整两段滤镜的时长

3.5.6　搜索和收藏背景音乐

【效果对比】：如果在曲库中找不到合适的音乐，可以通过输入关键词搜索和添加音乐，还可以收藏喜欢的音乐，下次使用时就很方便，画面效果如图3-78所示。

扫码看教学视频

图 3-78　画面效果

下面介绍在剪映App中搜索和收藏背景音乐的具体操作方法。

步骤 **01** 在视频起始位置点击"音频"按钮，如图3-79所示。

步骤 **02** 在弹出的二级工具栏中点击"音乐"按钮，如图3-80所示。

图 3-79　点击"音频"按钮

图 3-80　点击"音乐"按钮

步骤 **03** ❶在"添加音乐"界面中的搜索栏里输入关键词并搜索音乐；❷选择相应的音乐，即可试听音乐；❸点击音乐右侧的☆按钮，即可收藏音乐；❹点击音乐右侧的"使用"按钮，如图3-81所示。

步骤 04 添加音乐,❶选择音频素材;❷在视频的末尾位置点击"分割"按钮,分割音频;❸默认选择第二段音频素材,点击"删除"按钮,如图3-82所示,删除多余的音频。

步骤 05 在"添加音乐"界面中切换至"收藏"选项卡,就可以查看刚才收藏的音乐,如图3-83所示。

图 3-81　点击"使用"按钮

图 3-82　点击"删除"按钮

图 3-83　查看收藏的音乐

★ 专家提醒 ★

由于剪映是抖音平台出品的一个视频剪辑软件,所以在抖音 App 中收藏的音乐,也可以在剪映进行添加和使用。

桂花坚果藕粉

总策划（今日美食计划）

第 4 章

美食视频：《制作桂花坚果藕粉》

本章要点

美食制作视频是短视频平台中比较火爆的一类视频，在拍摄此类视频时，展示制作过程与成品是重点，在展示成品的时候最好有亲自品尝的画面，这样才能让美食看起来更加美味诱人。在拍摄的时候，可以多选择固定镜头，这样可以有效地展现美食的制作过程。如果视频播放速度太快或者太跳跃，就会偏离主题。

4.1《制作桂花坚果藕粉》分镜头演示效果

扫码看分镜头演示

美食视频《制作桂花坚果藕粉》是由多个分镜头片段构成的，分镜头演示视频是由成品视频与镜头脚本组成的，便于大家欣赏与学习，演示效果如图4-1所示。

镜号	画面	运镜	时长
1	展示成品	固定镜头	约4s
2	展示材料	左移运镜	约3s
3	往杯子里加原材料	固定镜头	约2s
4	加温水	前推运镜	约2s
5	搅拌的画面	固定镜头	约2s
6	搅拌的画面	固定镜头	约2s
7	搅拌的画面	过肩固定镜头	约9s
8	搅拌的画面	俯拍后拉运镜	约3s

镜号	画面	运镜	时长
1	展示成品	固定镜头	约4s
2	展示材料	左移运镜	约3s
3	往杯子里加原材料	固定镜头	约2s
4	加温水	前推运镜	约2s
5	搅拌的画面	固定镜头	约2s
6	搅拌的画面	固定镜头	约2s
7	搅拌的画面	过肩固定镜头	约9s
8	搅拌的画面	俯拍后拉运镜	约3s

镜号	画面	运镜	时长
1	展示成品	固定镜头	约4s
2	展示材料	左移运镜	约3s
3	往杯子里加原材料	固定镜头	约2s
4	加温水	前推运镜	约2s
5	搅拌的画面	固定镜头	约2s
6	搅拌的画面	固定镜头	约2s
7	搅拌的画面	过肩固定镜头	约9s
8	搅拌的画面	俯拍后拉运镜	约3s

镜号	画面	运镜	时长
7	搅拌的画面	过肩固定镜头	约9
8	搅拌的画面	跟踪镜头	约3
9	倒入开水	固定镜头	约9
10	倒完水就开始搅拌	固定+推镜头	约14
11	搅拌的画面	后拉运镜	约8
12	搅拌的画面	环绕运镜	约3
13	成品展示	固定镜头	约3
14	人物试吃的画面	固定镜头	约4

镜号	画面	运镜	时长
7	搅拌的画面	过肩固定镜头	约9
8	搅拌的画面	跟踪镜头	约3
9	倒入开水	固定镜头	约9
10	倒完水就开始搅拌	固定+推镜头	约14
11	搅拌的画面	后拉运镜	约8
12	搅拌的画面	环绕运镜	约3
13	成品展示	固定镜头	约3
14	人物试吃的画面	固定镜头	约4

镜号	画面	运镜	时长
7	搅拌的画面	过肩固定镜头	约9
8	搅拌的画面	跟踪镜头	约3
9	倒入开水	固定镜头	约9
10	倒完水就开始搅拌	固定+推镜头	约14
11	搅拌的画面	后拉运镜	约8
12	搅拌的画面	环绕运镜	约3
13	成品展示	固定镜头	约3
14	人物试吃的画面	固定镜头	约4

镜号	画面	运镜	时长
7	搅拌的画面	过肩固定镜头	约9
8	搅拌的画面	跟踪镜头	约3
9	倒入开水	固定镜头	约9
10	倒完水就开始搅拌	固定+推镜头	约14
11	搅拌的画面	后拉运镜	约8
12	搅拌的画面	环绕运镜	约3
13	成品展示	固定镜头	约3
14	人物试吃的画面	固定镜头	约4

镜号	画面	运镜	时长
7	搅拌的画面	过肩固定镜头	约9
8	搅拌的画面	跟踪镜头	约3
9	倒入开水	固定镜头	约9
10	倒完水就开始搅拌	固定+推镜头	约14
11	搅拌的画面	后拉运镜	约8
12	搅拌的画面	环绕运镜	约3
13	成品展示	固定镜头	约3
14	人物试吃的画面	固定镜头	约4

图 4-1　演示效果

4.2 镜头脚本

表4-1所示为《制作桂花坚果藕粉》短视频的脚本。

表 4-1 《制作桂花坚果藕粉》短视频的脚本

镜号	运镜	画面	设备	时长
1	固定镜头	展示成品	手持拍摄	约 4s
2	左移运镜	展示材料	手持拍摄	约 3s
3	固定镜头	往杯子里加原材料	手持拍摄	约 2s
4	前推运镜	加温水	手持拍摄	约 2s
5	固定镜头	搅拌的画面	手持拍摄	约 2s
6	固定镜头	搅拌的画面	手持拍摄	约 2s
7	过肩固定镜头	搅拌的画面	手持拍摄	约 9s
8	跟踪镜头	搅拌的画面	手持拍摄	约 3s
9	固定镜头	倒入开水	手持拍摄	约 9s
10	固定 + 推镜头	倒完水就开始搅拌	手持拍摄	约 14s
11	后拉运镜	搅拌的画面	手持拍摄	约 8s
12	环绕运镜	搅拌的画面	手持拍摄	约 3s
13	固定镜头	成品展示	三脚架	约 3s
14	固定镜头	人物试吃的画面	手持拍摄	约 4s

4.3 拍摄技巧——认识画面景别

视听语言是影视中一门独特的语言艺术，是画面与声音的组合方式，可以让观众感受到电影所传达的情绪与主题。对画面来说，景别是一个避不开的话题，景别也是影视创作的基础。

根据摄像机镜头与被摄主体的距离，我们可以把景别分为五大类，分别是远景、全景、中景、近景和特写。在细分之下还有大远景、中近景、大特写等景别，本节就不细致展开了，大家可以根据概念自行理解。

在划分景别的时候，有两个标准。一个是根据画框中截取的人物身体部位的范围来划分；另一个是根据被摄主体（景物）在画框中所占的面积来划分。一般而言，前者是最常用的一种划分方式。

1. 远景

远景，顾名思义就是摄像机镜头离被摄主体比较远的一种景别，主要展示大场面、人物和周围的环境，景物占据画面的面积大于人物，注重整体场景的实现，细节部分也就不怎么清晰了，常用来交代地点与环境、抒发情感。远景画面如图4-2所示。

图 4-2　远景画面

2. 全景

全景主要展示景物的全貌与人物的全身，注重体现人物的全身动作，或者展示人物的穿着打扮，常用来表现人物的身份。部分细节相比较远景而言，是较清晰的。在一些电视剧或者新闻类节目中，全景镜头常用在开场画面中。全景画面如图4-3所示。

图 4-3　全景画面

3. 中景

中景是底部画框刚好卡在人物膝盖左右的位置或者拍摄到场景的局部。在一些对话、动作和情绪交流的画面中，可以多使用中景镜头。中景画面如图4-4所示。

图 4-4　中景画面

4. 近景

近景则会拍到人物胸部左右以上的位置，或者物体的局部。近景可以近距离表现人物的面部情绪，以及一些小动作，所以在刻画人物性格、传递人物情绪的画面中，近景镜头是必不可少的。近景画面如图4-5所示。

图 4-5　近景画面

5. 特写

画框的最下边为人物肩部左右的位置，或者拍摄物体具体的局部，就是特写。特写镜头中的被摄对象一般是布满整个画面的，所以对于情绪的表达，起着放大和强调突出的作用。特写画面如图4-6所示。

图 4-6　特写画面

4.4　分镜头片段

《制作桂花坚果藕粉》视频是由十几个分镜头片段组成的，大部分都是用手机竖拍的。在拍摄的时候，由于大部分都是近景或者特写镜头，可以手持拍摄，操作也比较方便，还可以用三脚架稳定手机来拍摄固定的镜头。

4.4.1　镜头1：固定镜头

第1个镜头展示的是成品，用固定镜头手持拍摄，画面定焦在杯子上，人物用勺子舀藕粉，展示成品细节，如图4-7所示。

图 4-7　镜头画面

4.4.2　镜头2：左移运镜

第2个镜头展示的是材料，依次展示需要的材料与道具，日历是陪衬的道具，主要材料是藕粉，如图4-8所示。在后期操作中，可以对品牌名称进行打码。

图 4-8　镜头画面

左移运镜动画演示如图4-9所示。在左移镜头的时候，依次展示准备的材料和道具，起着强调的作用。

图 4-9　左移运镜动画演示

4.4.3　镜头3：固定镜头

第3个镜头展示的是制作过程。以固定镜头手持拍摄，记录人物把藕粉取出来的画面。全程俯拍，突出动作细节，如图4-10所示。

图 4-10　镜头画面

4.4.4　镜头4：前推运镜

第4个镜头展示的是倒温水的环节。在倒入藕粉之后，需要倒入一定量的温水，所以在拍摄的时候，微微前推镜头，让杯子处于画面中心，强调该步骤是有一定的重要性的，如图4-11所示。

图 4-11 镜头画面

前推运镜动画演示如图4-12所示。在前推镜头的时候，也采用俯拍的角度，逐渐靠近主体，以突出画面重点。

 全景 →

图 4-12 前推运镜动画演示

★ 专家提醒 ★

在拍摄美食制作视频的时候，道具和材料的摆盘也可以为视频增加闪光点，所以在有条件的情况下，可以用精美的餐具装盘摆设。

当然，除了摆盘，拍摄也很重要。由于美食制作视频大部分都是近景或者特写画面，所以在拍摄的时候，一定要定好焦，不能虚焦，从而突出画面主体。

4.4.5 镜头5：固定镜头

第5个镜头展示的是搅拌的画面。本镜头依旧采用俯拍的角度，拍摄人物搅拌杯子里的粉末，如图4-13所示。

图 4-13　镜头画面

4.4.6　镜头6：固定镜头

第6个镜头展示的是特写画面。在搅拌的时候，拍摄者可以把镜头靠近杯子一些，拍摄特写，如图4-14所示。

图 4-14　镜头画面

4.4.7　镜头7：过肩固定镜头

第7个镜头展示的还是搅拌画面。因为这道美食的主要工序就是多次搅拌，所以搅拌环节非常重要。这个镜头是过肩镜头，让观众具有现场参与感，如图4-15所示。

图 4-15　镜头画面

4.4.8　镜头8：跟踪镜头

第8个镜头展示的还是搅拌画面。此镜头画面需要微微跟随拍摄，此时画面中杯子里的藕粉已经初步成型，而这种变化是连续的，让观众一眼就能发现，如图4-16所示。

图 4-16　镜头画面

4.4.9　镜头9：固定镜头

第9个镜头展示的是最重要的一个步骤，就是在初步成型的藕粉里倒入开水，这个画面依旧采用俯拍角度，如图4-17所示。

图 4-17　镜头画面

4.4.10　镜头10：固定+推镜头

第10个镜头展示的是倒水之后的动作。在杯子里倒入开水之后，就可以开始第二轮的搅拌了，所以需要前推镜头放大主体，展示食物的变化，如图4-18所示。

图 4-18　镜头画面

固定+推镜头运镜动画演示如图4-19所示。在前推镜头之前，有一段时间的固定画面，然后再进行前推，这样观众才有代入感，画面也会更自然。

近景

图 4-19　固定 + 推镜头运镜动画演示

★ 专家提醒 ★

为了使拍摄和剪辑效率更高，除了手持运镜，还可以架设三脚架变换机位固定拍摄。有了多段素材，剪辑时就有了更多的选择，视频就更有层次感。

4.4.11　镜头11：后拉运镜

第11个镜头展示的是已经要完成的成品，依旧是搅拌的画面，主要通过后拉运镜展示完整的成品，如图4-20所示。

图 4-20　镜头画面

后拉运镜动画演示如图4-21所示。在后拉镜头的时候，要始终保持杯子在画面的中心位置。

图 4-21　后拉运镜动画演示

4.4.12　镜头12：环绕运镜

第12个镜头展示的是制作成功之后的成品，即在慢速搅拌的时候，环绕运镜拍摄被摄对象，以展示成品，如图4-22所示。

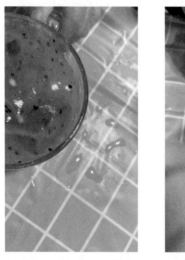

图 4-22　镜头画面

环绕运镜动画演示如图4-23所示。在环绕镜头拍摄的时候，是从右至左小幅度环绕的，因为主体很小，所以不用大幅度环绕，环绕拍摄也是为了让画面更有层次。

图 4-23　环绕运镜动画演示

4.4.13　镜头13：固定镜头

第13个镜头还是展示成品。这个分镜头采用了平拍的角度，景别采用了近景，拍摄人物展示藕粉成品的画面，如图4-24所示。

图 4-24　镜头画面

4.4.14　镜头14：固定镜头

第14个镜头展示的是人物品尝的画面。在美食制作完成之后，人物可以进行品尝，并对其评价，这样才能让观众有更深的代入感和体验感，这一环节也是非常重要的，如图4-25所示。

图 4-25　镜头画面

★ 专家提醒 ★

如果在拍摄吃播时人物不想全脸入镜，可以只拍摄嘴部以下的部分。

4.5　后期剪辑

扫码看成品效果

对于美食制作视频，进行步骤解说是非常重要的，所以可以提前准备步骤文案，然后用朗读功能制作解说语音，最后添加合适的解说文字。

4.5.1　设置画面比例与背景

扫码看教学视频

【效果展示】：由于素材中有竖屏的视频也有横屏的视频，所以设置统一的比例和背景，可以让视频画面整体看起来更和谐，效果展示如图 4-26 所示。

图 4-26　效果展示

下面介绍在剪映App中设置画面比例与背景的具体操作方法。

步骤 01 在剪映App中依次导入14个分镜头片段之后，点击"比例"按钮，如图4-27所示。

步骤 02 在弹出的面板中选择9∶16选项，设置竖屏画面，如图4-28所示。

步骤 03 点击◀按钮回到主面板，在镜头13素材的位置点击"背景"按钮，如图4-29所示。

步骤 04 在弹出的二级工具栏中点击"画布模糊"按钮，如图4-30所示。

步骤 05 ❶在"画布模糊"面板中选择第四个样式，设置画面背景；❷点击✔按钮确认操作，如图4-31所示。

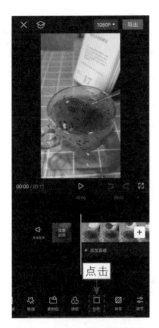

图 4-27　点击"比例"按钮

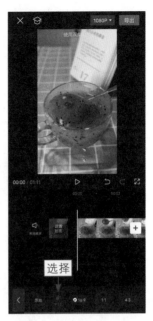

图 4-28　选择 9∶16 选项

图 4-29　点击"背景"按钮

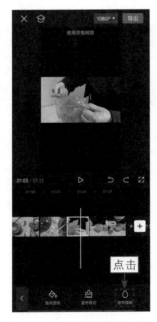

图 4-30　点击"画布模糊"按钮

图 4-31　点击相应的按钮

★ 专家提醒 ★

在"画布颜色"和"画布样式"面板中还有更多的背景样式可以选择。

4.5.2 添加美食滤镜

【效果对比】：为了让美食看起来更加诱人，可以为视频添加美食滤镜，还可以通过调整相应的参数，让画面色彩更加靓丽，效果对比如图4-32所示。

扫码看教学视频

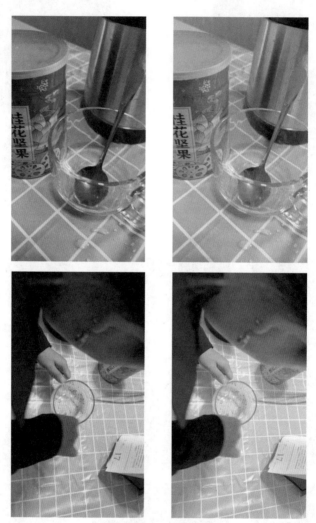

图 4-32 效果对比

下面介绍在剪映App中添加美食滤镜的具体操作方法。

步骤01 ❶选择镜头1素材；❷点击"滤镜"按钮，如图4-33所示。

步骤02 进入"滤镜"选项卡，❶展开"美食"选项区；❷选择"轻食"滤镜；❸设置具体参数值为100；❹点击"全局应用"按钮，如图4-34所示。

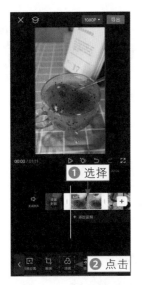

图 4-33 点击"滤镜"按钮

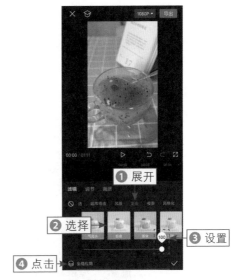

图 4-34 点击"全局应用"按钮(1)

步骤03 ❶切换至"调节"选项卡;❷选择"饱和度"选项;❸设置该参数为6,让色彩更艳丽,如图4-35所示。

步骤04 ❶选择"光感"选项;❷设置该参数为10,调整曝光,让画面更明亮一些,如图4-36所示。

步骤05 点击"全局应用"按钮,弹出"已应用到全部片段"提示,即完成了操作,如图4-37所示。

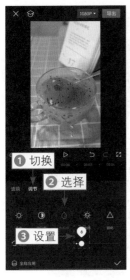

图 4-35 设置饱和度参数

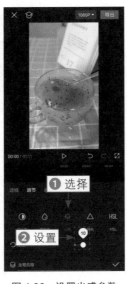

图 4-36 设置光感参数

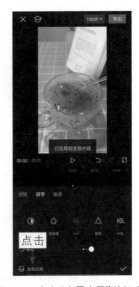

图 4-37 点击"全局应用"按钮(2)

4.5.3　添加趣味素材与表情包贴纸

扫码看教学视频

【效果展示】：为视频添加趣味素材和表情包贴纸，可以丰富视频内容，增强视频的观赏性，以及增加视频点赞量，效果展示如图4-38所示。

图 4-38　效果展示

下面介绍在剪映App中添加趣味素材与表情包贴纸的具体操作方法。

步骤01 ❶拖曳时间轴至视频的末尾位置；❷点击 + 按钮，如图4-39所示。

步骤02 ❶切换至"素材库"选项卡；❷在"热门"选项区中选择一段趣味素材；❸选中"高清"复选框；❹点击"添加"按钮，如图4-40所示。

图 4-39　点击相应的按钮（1）　　　　　图 4-40　点击"添加"按钮（1）

步骤03 ❶拖曳时间轴至镜头1素材与镜头2素材之间的位置；❷点击+按钮，如图4-41所示。

步骤04 切换至"素材库"选项卡；❶搜索"真香"素材；❷选择一段素材；❸选中"高清"复选框；❹点击"添加"按钮，如图4-42所示。

图4-41　点击相应的按钮（2）

图 4-42　点击"添加"按钮（2）

步骤05 添加素材之后，点击"贴纸"按钮，如图4-43所示。

步骤06 ❶搜索"真香"贴纸；❷选择一款表情包贴纸；❸调整贴纸在画面中的位置；❹点击"关闭"按钮，如图4-44所示。

图4-43　点击"贴纸"按钮

图 4-44　点击"关闭"按钮

步骤07 调整贴纸的时长，使其与第二段素材的时长对齐，如图4-45所示。

步骤08 返回主面板，依次点击"背景"按钮和"画布模糊"按钮，如图4-46所示。

步骤09 ❶ 选择第四个样式；❷ 点击"全局应用"按钮，设置统一的画面背景，如图 4-47 所示。

图 4-45　调整贴纸的时长　　图 4-46　点击"画布模糊"按钮　图 4-47　点击"全局应用"按钮

4.5.4　为视频添加美食制作文案

【效果展示】：给视频添加美食制作文案，可以起到补充说明的作用，让观众清楚地了解美食制作的过程，效果展示如图4-48所示。

扫码看教学视频

图 4-48　效果展示

下面介绍在剪映App中为视频添加制作文案的具体操作方法。

步骤01 在视频起始位置点击"文字"按钮，如图4-49所示。

步骤02 在弹出的二级工具栏中点击"文字模板"按钮，如图4-50所示。

步骤03 ① 展开"美食"选项区；② 选择一款文字模板；③ 更改文字内容；④ 调整文字的大小；⑤ 点击✓按钮，如图4-51所示。

步骤04 调整文字的时长，使其与镜头1素材的时长对齐，如图4-52所示。

步骤05 ① 选择镜头2素材；② 在其起始位置点击"定格"按钮，如图4-53所示。

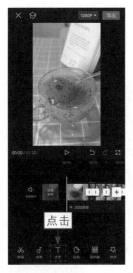

图4-49　点击"文字"按钮

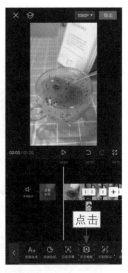

图4-50　点击"文字模板"按钮（1）

图4-51　点击相应的按钮

图4-52　调整文字的时长

图4-53　点击"定格"按钮

步骤06 ① 设置定格素材的时长为2s，后面的几段素材也进行同样的定格处理，设置其时长为1.5s；② 在定格素材的起始位置点击"新建文本"按钮，如图4-54所示。

步骤07 ❶切换至"花字"选项卡；❷选择样式；❸输入文字并调整文字在画面中的大小，如图4-55所示。

步骤08 ❶切换至"字体"选项卡；❷选择合适的字体，如图4-56所示。

图 4-54　点击"新建文本"按钮

图 4-55　调整文字的大小

图 4-56　选择字体

步骤09 ❶调整文字时长；❷在其末尾处点击"文字模板"按钮，如图4-57所示。

步骤10 ❶展开"任务清单"选项区；❷选择文字模板；❸更改文字内容，如图4-58所示。

图 4-57　点击"文字模板"按钮（2）

图 4-58　更改文字内容

步骤 11 ❶点击⏎按钮换行；❷更改内容；❸调整文字的位置，如图4-59所示。

步骤 12 在文字的后面继续点击"文字模板"按钮，如图4-60所示。

步骤 13 ❶展开"美食"选项区；❷选择模板；❸更改内容，如图4-61所示。

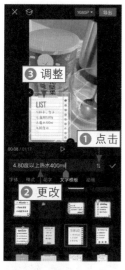
图4-59　调整文字的位置

图4-60　点击"文字模板"按钮（3）

图4-61　更改内容

步骤 14 ❶调整文字时长；❷在其末尾点击"文字模板"按钮，如图4-62所示。

步骤 15 ❶在"综艺感"选项区中选择模板；❷更改文字内容；❸调整文字在画面中的位置和时长，如图4-63所示。

步骤 16 ❶选择在步骤1输入的文字；❷点击"复制"按钮，如图4-64所示。

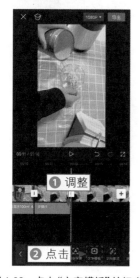
图4-62　点击"文字模板"按钮（4）

图4-63　调整文字的位置

图4-64　点击"复制"按钮

步骤 17 ❶ 调整复制后文字在轨道中的位置；❷ 点击"编辑"按钮，如图4-65所示，把1改成2。

步骤 18 后面的文字也是根据文案内容进行复制和更改文字的，如图4-66所示。

步骤 19 最后再添加一段综艺感文字，并调整其位置，如图4-67所示。

图 4-65　点击"编辑"按钮

图 4-66　复制和更改文字内容

图 4-67　添加综艺感文字

4.5.5　让文字变成解说语音

【效果展示】：在剪映中可以运用文本朗读功能，将文字生成解说语音，还可以选择各种音色的音频，让视频"有声有色"，画面效果如图4-68所示。

扫码看教学视频

图 4-68　画面效果

下面介绍在剪映App中将文字变成解说语音的具体操作方法。

步骤01 在视频起始位置依次点击"文字"按钮和"新建文本"按钮，如图4-69所示。

步骤02 输入解说文字内容，如图4-70所示，点击✔按钮。

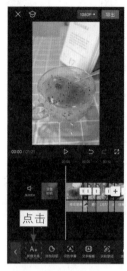

图 4-69　点击"新建文本"按钮

图 4-70　输入文字内容

步骤03 默认选择新建的文字，点击"文本朗读"按钮，如图4-71所示。

步骤04 ❶切换至"萌趣动漫"选项卡；❷选择"动漫海绵"选项；❸点击✔按钮，如图4-72所示，生成语音。

图 4-71　点击"文本朗读"按钮

图 4-72　点击相应的按钮

步骤**05** 点击"删除"按钮，如图4-73所示，删除该段文字，只保留音频。

步骤**06** ❶选择第二段素材；❷点击"文本朗读"按钮，如图4-74所示。

图 4-73　点击"删除"按钮

图 4-74　点击"文本朗读"按钮

步骤**07** ❶切换至"萌趣动漫"选项卡；❷选择"动漫海绵"选项；❸点击 ✓按钮，如图4-75所示，继续生成同样音色的语音。

步骤**08** 个别片段需要输入文字生成音频，再删除文字，如图4-76所示，其他的大部分文字都是直接进行文本朗读操作的。

图 4-75　点击相应的按钮

图 4-76　删除文字

4.5.6　添加合适的背景音乐

【效果展示】：如果视频只有语音就会比较单调，没有语音的部分更会干巴巴的，所以添加合适的背景音乐，可以让视频更有灵魂，画面效果如图4-77所示。

扫码看教学视频

图 4-77　画面效果

下面介绍在剪映App中添加合适的背景音乐的具体操作方法。

步骤01 在镜头2素材的起始位置点击"音频"按钮，如图4-78所示。

步骤02 在弹出的二级工具栏中点击"音乐"按钮，如图4-79所示。

图 4-78　点击"音频"按钮　　　图 4-79　点击"音乐"按钮

步骤 **03** 在"添加音乐"界面中选择"轻快"选项，如图 4-80 所示。

步骤 **04** ❶ 选择歌曲进行试听；❷ 点击所选音乐右侧的"使用"按钮，如图 4-81 所示，添加音乐。

步骤 **05** ❶ 选择音频素材；❷ 拖曳时间轴至镜头 14 素材的末尾位置；❸ 点击"分割"按钮，分割音频；❹ 默认选择分割后的第二段音频，点击"删除"按钮，如图 4-82 所示，删除多余的音频。

步骤 **06** ❶ 选择音频素材；❷ 点击"音量"按钮，如图 4-83 所示。

步骤 **07** 在"音量"面板中设

图 4-80　选择"轻快"
选项

图 4-81　点击"使用"
按钮

置音量参数为20，稍微降低一点背景音乐的音量，如图4-84所示。

图 4-82　点击"删除"按钮　　　图 4-83　点击"音量"按钮　　　图 4-84　设置音量参数

★ 专家提醒 ★

1. 在设置音乐音量的时候，可以一边试听一边调整，让语音与背景音乐的音量大小相和谐。

2. 对于部分商品的品牌，在没有授权的情况下，可以添加贴纸进行遮挡。

第 5 章

日常记录：《我的秋日周末》

本章要点

　　每个季节都有不同的美景，本章的主题是秋日周末出游，所以在视频拍摄和制作中，尽量围绕主题中的关键字进行展开。比如，多拍摄带有秋日元素的场景，在后期剪辑时加入秋日元素，让观众更有代入感，也能表达出主题。当然，选择在户外拍摄，有更多的运镜空间，景别也可以更加多变。

5.1 《我的秋日周末》分镜头演示效果

扫码看分镜头演示

日常记录《我的秋日周末》短视频是由多个分镜头片段构成的，分镜头演示视频是由成品视频与镜头脚本组成的，便于大家欣赏与学习，演示效果如图5-1所示。

镜号	画面	运镜	时长
1	拍摄银杏树枝	左移运镜	约7s
2	人物出场	右移运镜	约4s
3	人物行走	斜线后拉运镜	约7s
4	人物撒落叶	慢动作镜头	约3s
5	人物在湖边散步	环绕上升运镜	约6s
6	人物湖边散步	弧线跟摇运镜	约6s
7	多云的天空	仰拍旋转镜头	约4s

镜号	画面	运镜	时长
1	拍摄银杏树枝	左移运镜	约7s
2	人物出场	右移运镜	约4s
3	人物行走	斜线后拉运镜	约7s
4	人物撒落叶	慢动作镜头	约3s
5	人物拿着落叶	环绕上升运镜	约6s
6	人物在湖边散步	弧线跟摇运镜	约6s
7	多云的天空	仰拍旋转镜头	约4s

镜号	画面	运镜	时长
1	拍摄银杏树枝	左移运镜	约7s
2	人物出场	右移运镜	约4s
3	人物行走	斜线后拉运镜	约7s
4	人物撒落叶	慢动作镜头	约3s
5	人物拿着落叶	环绕上升运镜	约6s
6	人物在湖边散步	弧线跟摇运镜	约6s
7	多云的天空	仰拍旋转镜头	约4s

镜号	画面	运镜	时长
5	人物拿着落叶	环绕上升运镜	约6s
6	人物在湖边散步	弧线跟摇运镜	约6s
7	多云的天空	仰拍旋转镜头	约4s
8	人物看风景	上摇后拉运镜	约6s
9	人物坐在湖边	前推上摇运镜	约7s
10	拍摄行走的人物及天空	上升跟随+摇镜头	约12s

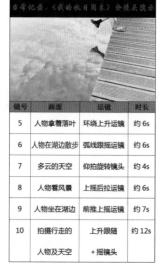

镜号	画面	运镜	时长
5	人物拿着落叶	环绕上升运镜	约6s
6	人物在湖边散步	弧线跟摇运镜	约6s
7	多云的天空	仰拍旋转镜头	约4s
8	人物看风景	上摇后拉运镜	约6s
9	人物坐在湖边	前推上摇运镜	约7s
10	拍摄行走的人物及天空	上升跟随+摇镜头	约12s

镜号	画面	运镜	时长
5	人物拿着落叶	环绕上升运镜	约6s
6	人物在湖边散步	弧线跟摇运镜	约6s
7	多云的天空	仰拍旋转镜头	约4s
8	人物看风景	上摇后拉运镜	约6s
9	人物坐在湖边	前推上摇运镜	约7s
10	拍摄行走的人物及天空	上升跟随+摇镜头	约12s

图 5-1　演示效果

5.2 镜头脚本

表5-1所示为《我的秋日周末》短视频的脚本。

表 5-1 《我的秋日周末》短视频的脚本

镜号	运镜	画面	设备	时长
1	左移运镜	拍摄银杏树枝	手持稳定器	约 7s
2	右移运镜	人物出场	手持稳定器	约 4s
3	斜线后拉运镜	人物行走	手持稳定器	约 7s
4	慢动作镜头	人物撒落叶	手持稳定器	约 3s
5	环绕上升运镜	人物拿着落叶	手持稳定器	约 6s
6	弧线跟摇运镜	人物在湖边散步	手持稳定器	约 6s
7	仰拍旋转镜头	多云的天空	手持稳定器	约 4s
8	上摇后拉运镜	人物看风景	手持稳定器	约 6s
9	前推上摇运镜	人物坐在湖边	手持稳定器	约 7s
10	上升跟随 + 摇镜头	拍摄行走的人物及日落时分的天空	手持稳定器	约 12s

设计短视频脚本之前需要了解脚本有哪些类型、脚本的基本元素有哪些，以及明白重要思路是什么，这样在制作脚本和拍摄的视频过程中才能更加得心应手。

1. 了解脚本类型

短视频脚本一般包括分镜头脚本、拍摄提纲和文学脚本3种类型，如图5-2所示。

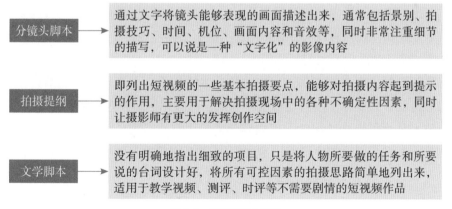

- **分镜头脚本** → 通过文字将镜头能够表现的画面描述出来，通常包括景别、拍摄技巧、时间、机位、画面内容和音效等，同时非常注重细节的描写，可以说是一种"文字化"的影像内容

- **拍摄提纲** → 即列出短视频的一些基本拍摄要点，能够对拍摄内容起到提示的作用，主要用于解决拍摄现场中的各种不确定性因素，同时让摄影师有更大的发挥创作空间

- **文学脚本** → 没有明确地指出细致的项目，只是将人物所要做的任务和所要说的台词设计好，将所有可控因素的拍摄思路简单地列出来，适用于教学视频、测评、时评等不需要剧情的短视频作品

图 5-2 短视频脚本类型

2. 脚本的基本元素

在短视频脚本中，用户需要认真设计每一个镜头。下面主要通过6个基本要素来介绍短视频脚本的策划，如图5-3所示。

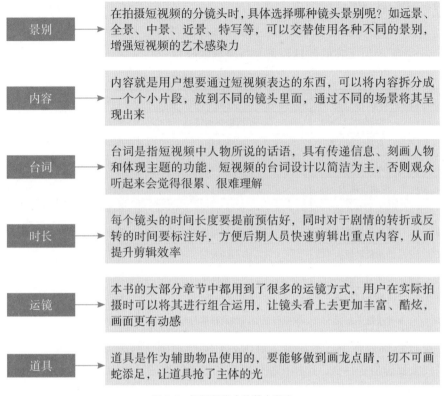

景别 → 在拍摄短视频的分镜头时，具体选择哪种镜头景别呢？如远景、全景、中景、近景、特写等，可以交替使用各种不同的景别，增强短视频的艺术感染力

内容 → 内容就是用户想要通过短视频表达的东西，可以将内容拆分成一个个小片段，放到不同的镜头里面，通过不同的场景将其呈现出来

台词 → 台词是指短视频中人物所说的话语，具有传递信息、刻画人物和体现主题的功能，短视频的台词设计以简洁为主，否则观众听起来会觉得很累、很难理解

时长 → 每个镜头的时间长度要提前预估好，同时对于剧情的转折或反转的时间要标注好，方便后期人员快速剪辑出重点内容，从而提升剪辑效率

运镜 → 本书的大部分章节中都用到了很多的运镜方式，用户在实际拍摄时可以将其进行组合运用，让镜头看上去更加丰富、酷炫，画面更有动感

道具 → 道具是作为辅助物品使用的，要能够做到画龙点睛，切不可画蛇添足，让道具抢了主体的光

图 5-3　短视频脚本的基本要素

3. 设计脚本的重要思路

要想拍出真正优质的短视频作品，用户需要站在观众的角度去思考脚本内容的策划。比如，观众喜欢看什么东西、当前哪些内容比较受观众的欢迎，以及如何拍摄才能让观众看着更有感觉等。

显而易见，在短视频领域，内容比技术更加重要，即便是简陋的拍摄场景和服装道具，只要你的内容足够吸引观众，那么你的短视频就能火。

技术是可以慢慢练习的，但内容却需要用户有一定的创作灵感，就像是音乐创作，好的作品会经久流传。例如，抖音上充斥着各种"五毛特效"，但他们精心设计的内容，仍然获得了观众的喜爱，至少可以认为他们比较懂观众的"心"。

例如，下面这个短视频账号在内容上也并不是单纯的模仿，而是设计了大量搞笑原创剧情，甚至还出现了不少经典台词，获得了大量的关注和点赞，如图5-4所示。

图 5-4　某短视频账号内容

5.3　分镜头片段

《我的秋日周末》日常记录视频的分镜头片段来源于镜头脚本，根据脚本内容拍摄出了十几个分镜头。下面将把这些分镜头片段一一展示和演示给大家。

5.3.1　镜头1：左移运镜

第1个镜头展示的是银杏树枝。在秋天的时候，银杏叶会渐渐变黄，银杏叶也是秋天的重要元素，并且以天空为背景，可以让画面更加简洁，如图5-5所示。

图 5-5　镜头画面

左移运镜动画演示如图5-6所示。拍摄者站在高处，用长焦镜头拍摄银杏树枝，在拍摄的时候，最好选取有特色的树枝，选取有云的天空作为背景，使镜头从右往左移动，拍摄秋日晴朗天空下的银杏树枝。

图 5-6　左移运镜动画演示

5.3.2　镜头2：右移运镜

第2个镜头展示的是人物出场的画面。此镜头以竹子为前景，在移动镜头的时候，人物进入画面，展示人物的进场，如图5-7所示。

图 5-7　镜头画面

右移运镜动画演示如图5-8所示。在拍摄的时候，可以与人物提前沟通好进场时机，在镜头刚好从前景位置移动到路上的时候，人物才进入画面，这样就能刚好拍摄到人物进场的画面，也不会显得刻意和突兀。

图 5-8　右移运镜动画演示

5.3.3　镜头3：斜线后拉运镜

第3个镜头展示的是人物。此镜头是人物进入画面的全景镜头，顺带交代环境和地点。在拍摄全景时，尽量避开人群拍摄，如图5-9所示。

图 5-9　镜头画面

斜线后拉运镜动画演示如图5-10所示。在人物前行的时候，从人物的反侧面进行斜线后拉运镜。在后拉镜头的时候，可以保持人物在画面中心左右的位置。

图 5-10　斜线后拉运镜动画演示

5.3.4　镜头4：慢动作镜头

第4个镜头展示的是慢动作。在"慢动作"拍摄模式下，以固定镜头拍摄人物撒下落叶的画面。慢速播放的效果，可以让画面变得唯美一些，如图5-11所示。

图 5-11　镜头画面

5.3.5　镜头5：环绕上升运镜

第5个镜头展示的是人物拿着落叶的画面。在人物撒完落叶之后，可以抬手拿起一片落叶观赏，画面就会更加生动一些，如图5-12所示。

图 5-12　镜头画面

环绕上升运镜动画演示如图5-13所示。拍摄者从人物的背面进行环绕运镜，在环绕到人物正面的时候，让镜头微微上升一些，并拍摄人物手中的落叶。

图 5-13　环绕上升运镜动画演示

5.3.6　镜头6：弧线跟摇运镜

第6个镜头展示的是远景。人物在远处行走，拍摄者选好机位拍摄人物所处的大环境，以及水面上的倒影，使画面显得空间感十足，如图5-14所示。

图 5-14　镜头画面

弧线跟摇运镜动画演示如图5-15所示。在人物沿弧线行走的时候，拍摄者跟摇运镜拍摄人物，让人物一直处于画面中心的位置。

图 5-15　弧线跟摇运镜动画演示

5.3.7　镜头7：仰拍旋转镜头

第7个镜头展示的是环境。此镜头仰拍多云的天空，以增加画面的丰富度，如图5-16所示。如果设备允许，可以把手机架在三脚架上，同步拍摄云朵变化的延时视频。

图 5-16　镜头画面

仰拍旋转镜头动画演示如图5-17所示。该镜头是在仰视角度下旋转一定的角度取景拍摄的。在拍摄天空的时候，除了要选取云朵比较漂亮的那一片进行拍摄，还需要避开太阳照射的强光区域。因为逆光拍摄，会让画面变得比较暗淡。

图 5-17　仰拍旋转镜头动画演示

5.3.8　镜头8：上摇后拉运镜

第8个镜头展示的是人物。这个镜头的起始画面是湖面上的天空倒影，与上个天空镜头刚好自然地衔接在一起，如图5-18所示。

图 5-18　镜头画面

上摇后拉运镜动画演示如图5-19所示。先俯拍人物前面的湖面，然后上摇镜头越过人物，并开始后拉，展示人物的背面。

图 5-19　上摇后拉运镜动画演示

5.3.9　镜头9：前推上摇运镜

第9个镜头展示的是人物。本镜头拍摄的是人物坐在湖边的画面，展示出一个惬意而唯美的画面，如图5-20所示。

图 5-20　镜头画面

前推上摇运镜动画演示如图5-21所示。在前推镜头的时候，需要放低角度，在将镜头推近人物的时候，停止前推并上摇，拍摄人物的上半身。

图 5-21　前推上摇运镜动画演示

5.3.10　镜头10：上升跟随+摇镜头

第10个镜头展示的是人物与环境。在太阳快要落下的时候，天空中云彩的颜色非常漂亮，这种光线下的人物也被衬托得更加随性和灵动，如图5-22所示。

图 5-22　镜头画面

上升跟随+摇镜头动画演示如图5-23所示。拍摄者从人物的背面进行跟随拍摄，在跟随的过程中逐渐升高镜头，在人物停下脚步的时候，左摇镜头拍摄远处的风景，宣告画面即将结束。

图 5-23　上升跟随 + 摇镜头动画演示

5.4 后期剪辑

扫码看成品效果

关于后期剪辑，核心就是要让这些分镜头画面无缝衔接在一起，并且组成一段完整有内容的短视频，所以在后期剪辑中，重点就是排序、转场与添加内容。

5.4.1 添加转场与背景音乐

扫码看教学视频

【效果展示】：一般在拍摄与写脚本的时候，就为镜头排好序了，所以在后期剪辑的时候，前面的步骤主要是添加转场与背景音乐，效果展示如图5-24示。

图 5-24　效果展示

下面介绍在剪映App中添加转场与背景音乐的具体操作方法。

步骤 01 在剪映App中依次添加10段素材之后，点击镜头2素材与镜头3素材之间的转场按钮｜，在"热门"选项卡中选择"叠化"转场，如图5-25所示，在镜头1素材与镜头2素材之间添加相同的转场。

步骤 02 在镜头 3 素材与镜头 4 素材之间添加"推近"运镜转场，如图 5-26 所示。

步骤 03 在镜头4素材与镜头5素材之间添加"色彩溶解"叠化转场，如图5-27所示。

图 5-25　选择"叠化"
转场

图 5-26　添加"推近"运
镜转场

步骤 04 在镜头5素材与镜头6素材之间添加"向左擦除"幻灯片转场，如图5-28所示。

图 5-27　添加"色彩溶解"叠化转场　　　　图 5-28　添加"向左擦除"幻灯片转场

步骤 05 在镜头 6 素材与镜头 7 素材之间添加"叠化"转场，如图5-29 所示。

步骤 06 在镜头 9 素材与镜头 10 素材之间添加"拉远"运镜转场，如图5-30所示。

步骤 07 在视频的起始位置点击"音频"按钮，如图5-31所示。

图 5-29　添加"叠化"转场　　　图 5-30　添加"拉远"运镜转场　　　图 5-31　点击"音频"按钮

步骤 08 在弹出的二级工具栏中点击"音乐"按钮，如图5-32所示。

步骤 09 在"添加音乐"界面中选择VLOG选项，如图5-33所示。

步骤 10 ❶选择一首合适的音乐进行试听；❷点击所选音乐右侧的"使用"按钮，如图5-34所示。

图 5-32　点击"音乐"按钮　　图 5-33　选择 VLOG 选项　　图 5-34　点击"使用"按钮

5.4.2　调出唯美夕阳色调

【效果对比】：在拍摄夕阳的时候，可能因为设备、光线等，使拍摄出来的效果不是很完美，可以通过后期调色，让夕阳更加惊艳，效果对比如图5-35所示。

扫码看教学视频

图 5-35　效果对比

下面介绍在剪映App中调出唯美夕阳色调的具体操作方法。

步骤 01 ❶选择镜头10素材；❷点击"滤镜"按钮，如图5-36所示。

步骤 02 在"基础"选项区中选择"清晰"滤镜，提亮细节，如图5-37所示。

图 5-36　点击"滤镜"按钮　　　　　　图 5-37 选择"清晰"滤镜

步骤 03　❶切换至"调节"选项卡；❷设置"饱和度"参数为9，如图5-38所示。

步骤 04　提高画面的色彩饱和度之后，选择HSL选项，如图5-39所示。

步骤 05　❶选择橙色选项◯；❷设置"色相"参数为-62、"饱和度"参数为21、"亮度"参数为-53，让橙色的夕阳更加靓丽，部分参数设置如图5-40所示。

图 5-38　设置"饱和度"参数　　图 5-39　选择 HSL 选项　　图 5-40　设置相应的参数（1）

步骤 06　❶选择蓝色选项◯；❷设置"色相"参数为15、"饱和度"参数为

59、"亮度"参数为-30，让蓝色的天空更加明艳，部分参数设置如图5-41所示。

步骤 07 在视频的末尾位置点击 + 按钮，如图5-42所示。

步骤 08 在"视频"选项区中添加镜头10素材，如图5-43所示。

图 5-41 设置相应的参数（2）

图 5-42 点击相应的按钮

图 5-43 添加镜头 10 素材

步骤 09 ❶选择添加的素材；❷点击"切画中画"按钮，如图5-44所示。

步骤 10 ❶调整画中画轨道中素材的位置；❷点击"抠像"按钮，如图5-45所示。

步骤 11 点击"智能抠像"按钮，让人物的色彩不受调色的影响，如图5-46所示。

图 5-44 点击"切画中画"按钮

图 5-45 点击"抠像"按钮

图 5-46 点击"智能抠像"按钮

5.4.3　制作笔刷片头开场

扫码看教学视频

【效果展示】：在剪映中通过添加笔刷素材和相应的文字、特效，就能制作笔刷片头开场，让视频一开头就能引人注意，效果展示如图5-47所示。

图 5-47　效果展示

下面介绍在剪映App中制作笔刷片头开场的具体操作方法。

步骤01 在起始位置点击"画中画"按钮和"新增画中画"按钮，如图5-48所示。

步骤02 ❶选择笔刷素材；❷点击"添加"按钮，如图5-49所示。

步骤03 ❶调整笔刷素材在画面中的大小；❷点击"混合模式"按钮，如图5-50所示。

图 5-48　点击"新增画中画"按钮　　图 5-49　点击"添加"按钮　　图 5-50　点击"混合模式"按钮

步骤04 在弹出的面板中选择"滤色"选项，如图5-51所示。

步骤05 点击✔按钮确认操作，在视频1s左右的位置依次点击"文字"按钮和"新建文本"按钮，如图5-52所示。

图 5-51　选择"滤色"选项

图 5-52　点击"新建文本"按钮

步骤06 ❶ 输入文字；❷ 在"手写"选项区中选择一款字体，如图5-53 所示。

步骤07 ❶切换至"样式"选项卡；❷选择蓝边白字样式，如图5-54所示。

步骤08 ❶切换至"动画"选项卡；❷选择"打字机Ⅱ"入场动画；❸设置时长为1.5s，如图5-55所示。

图 5-53　选择字体

图 5-54　选择蓝边白字样式

图 5-55　设置入场动画时长

步骤 09 调整文字的时长，使其末端与视频第6s左右的位置对齐，如图5-56所示。

步骤 10 在视频的起始位置点击"特效"按钮，如图5-57所示。

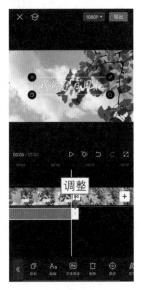

图 5-56 调整文字的时长

图 5-57 点击"特效"按钮

步骤 11 在弹出的二级工具栏中点击"画面特效"按钮，如图5-58所示。

步骤 12 在"热门"选项卡中选择"落叶"特效，如图5-59所示。

步骤 13 调整"落叶"特效的时长，使其与文字的时长对齐，如图5-60所示。

图 5-58 点击"画面特效"按钮

图 5-59 选择"落叶"特效

图 5-60 调整特效的时长

5.4.4　添加画面解说文案

【效果展示】：为了让画面看起来更加丰富，可以为主要的画面添加解说文案，增加趣味元素，并传达视频主题，效果展示如图5-61所示。

扫码看教学视频

图 5-61　效果展示

下面介绍在剪映App中添加画面解说文案的具体操作方法。

步骤01 在视频第12s左右的位置依次点击"文字"按钮和"新建文本"按钮，如图5-62所示。

步骤02 ❶输入文字内容；❷在"可爱"选项区中选择合适的字体，如图5-63所示。

图 5-62　点击"新建文本"按钮　　　　图 5-63　选择字体

步骤03 ❶切换至"样式"选项卡；❷选择样式；❸在"排列"选项区中选择第四个样式；❹调整文字的位置，如图5-64所示。

步骤04 ❶切换至"动画"选项卡；❷在"循环"选项区中选择"晃动"动

画，如图5-65所示。

步骤05 点击✓按钮确认操作，点击"复制"按钮，如图5-66所示，复制文字。

图 5-64　调整文字的位置

图 5-65　选择"晃动"动画

图 5-66　点击"复制"按钮

步骤06 ❶调整复制的文字在轨道中的位置；❷点击"编辑"按钮，如图5-67所示。

步骤07 更改文字内容，如图5-68所示，让文案内容与画面相匹配。

步骤08 同理，在视频第28s、第43s左右的位置复制和更改文字，部分画面如图5-69所示。第43s处的文字为"放松心情"。

图 5-67　点击"编辑"按钮

图 5-68　更改文字内容

图 5-69　复制和更改文字

5.4.5　添加收尾谢幕文字

扫码看教学视频

【效果展示】：在视频结尾可以添加收尾谢幕文字，展示主要的工作人员名单，以及出品机构，以便于扩大知名度，效果展示如图5-70所示。

图 5-70　效果展示

下面介绍在剪映App中添加收尾谢幕文字的具体操作方法。

步骤01 点击右上角的"导出"按钮，如图5-71所示，导出视频，便于处理结尾片段。

步骤02 在剪映App中导入刚才导出的视频，在视频第53s左右的位置点击◇按钮添加关键帧，如图5-72所示。

图 5-71　点击"导出"按钮　　　　　图 5-72　添加关键帧

步骤03 ❶ 拖曳时间轴至视频第57s左右的位置；❷ 缩小画面，如图5-73所示。

步骤 04 在第57s左右的位置点击"特效"按钮，如图5-74所示。

步骤 05 在弹出的二级工具栏中点击"画面特效"按钮，如图5-75所示。

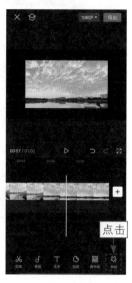

图 5-73　缩小画面　　　　图 5-74　点击"特效"按钮　　　图 5-75　点击"画面特效"按钮

步骤 06 ❶切换至"边框"选项卡；❷选择"白色线框"特效，如图5-76所示。

步骤 07 点击☑按钮确认操作，点击"作用对象"按钮，如图5-77所示。

步骤 08 在"作用对象"面板中选择"全局"选项，如图5-78所示。

图 5-76　选择"白色线框"特效　　图 5-77　点击"作用对象"按钮　　图 5-78　选择"全局"选项

步骤09 在视频第 55s 左右的位置点击"文字"按钮，如图 5-79 所示。

步骤10 在弹出的二级工具栏中点击"文字模板"按钮，如图5-80所示。

步骤11 ❶展开"片尾谢幕"选项区；❷选择一款模板；❸更改文字内容并调整文字的大小和位置，如图5-81所示。

步骤12 点击 ✓ 按钮确认操作，在文字的末尾点击"文字模板"按钮，如图5-82所示。

步骤13 ❶在"片尾谢幕"选项区中选择模板；❷更改文字内容，如图5-83所示，并调整文字的时长，使其末端与视频的末尾位置对齐。

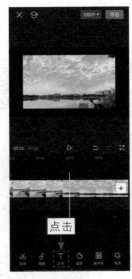

图 5-79　点击"文字"按钮

图 5-80　点击"文字模板"按钮（1）

图 5-81　调整文字

图 5-82　点击"文字模板"按钮（2）

图 5-83　更改文字内容

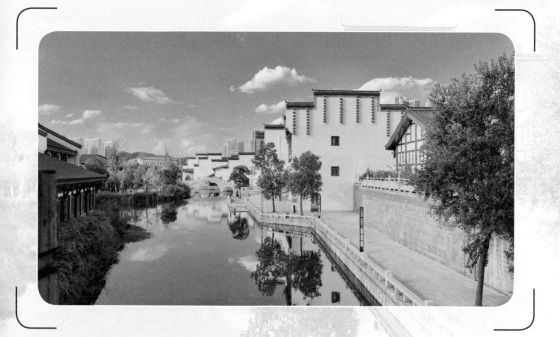

第 6 章

古街拍摄：《洋湖美影》

本章的主题是古街拍摄，在拍摄之前需要提前做好攻略，了解哪个时间段的古街风景最美，选择最美的那一刻进行拍摄。比如，本章就选择在出现最美的倒影时进行拍摄。在拍摄时，需要注重人景统一、和谐，使人物镜头与风景镜头相得益彰，互相映衬。不过，再美的风景，也离不开剪辑，经过处理后的视频才会更加精美。

6.1 《洋湖美影》分镜头演示效果

古街风格的《洋湖美影》短视频是由多个分镜头片段构成的，分镜头演示视频是由成品视频与镜头脚本组成的，便于大家欣赏与学习，演示效果如图6-1所示。

扫码看分镜头演示

镜号	画面	运镜	时长
1	拍摄古街美景	下降前推运镜	约3s
2	拍摄建筑景色与人	过肩后拉运镜	约3s
3	拍摄古街的灯笼	从右至左环绕	约2s
4	古街里面的样子	运动延时	约5s
5	特色建筑	升镜头	约2s
6	茶馆牌匾	半环绕运镜	约3s
7	水面上的倒影	固定空镜头	约1s
8	人物在水边举伞	后拉运镜	约1s

镜号	画面	运镜	时长
1	拍摄古街美景	下降前推运镜	约3s
2	拍摄建筑景色与人	过肩后拉运镜	约3s
3	拍摄古街的灯笼	从右至左环绕	约2s
4	古街里面的样子	运动延时	约5s
5	特色建筑	升镜头	约2s
6	茶馆牌匾	半环绕运镜	约3s
7	水面上的倒影	固定空镜头	约1s
8	人物在水边举伞	后拉运镜	约1s

镜号	画面	运镜	时长
1	拍摄古街美景	下降前推运镜	约3s
2	拍摄建筑景色与人	过肩后拉运镜	约3s
3	拍摄古街的灯笼	从右至左环绕	约2s
4	古街里面的样子	运动延时	约5s
5	特色建筑	升镜头	约2s
6	茶馆牌匾	半环绕运镜	约3s
7	水面上的倒影	固定空镜头	约1s
8	人物在水边举伞	后拉运镜	约1s

镜号	画面	运镜	时长
3	拍摄古街上的灯笼	从右至左环绕	约2s
4	古街里面的样子	运动延时	约5s
5	特色建筑	升镜头	约2s
6	茶馆牌匾	半环绕运镜	约3s
7	水面上的倒影	固定空镜头	约1s
8	人物在水边举伞	后拉运镜	约1s
9	人物在水边举伞	后拉左摇运镜	约4s
10	人物上桥的背影	仰拍跟摇运镜	约3s

镜号	画面	运镜	时长
3	拍摄古街上的灯笼	从右至左环绕	约2s
4	古街里面的样子	运动延时	约5s
5	特色建筑	升镜头	约2s
6	茶馆牌匾	半环绕运镜	约3s
7	水面上的倒影	固定空镜头	约1s
8	人物在水边举伞	后拉运镜	约1s
9	人物在水边举伞	后拉左摇运镜	约4s
10	人物上桥的背影	仰拍跟摇运镜	约3s

图 6-1　演示效果

6.2　镜头脚本

表6-1所示为《洋湖美影》短视频的脚本。

表 6-1　《洋湖美影》短视频的脚本

镜号	运镜	画面	设备	时长
1	下降前推运镜	拍摄古街美景	手持稳定器	约 3s
2	过肩后拉运镜	拍摄建筑景色与人	手持稳定器	约 3s
3	从右至左环绕	拍摄古街上的灯笼	手持稳定器	约 2s
4	运动延时	古街里面的样子	手持稳定器	约 5s
5	升镜头	特色建筑	手持稳定器	约 2s
6	半环绕运镜	茶馆牌匾	手持稳定器	约 3s
7	固定空镜头	水面上的倒影	手持稳定器	约 1s
8	后拉运镜	人物在水边举伞	手持稳定器	约 1s
9	后拉左摇运镜	人物在水边举伞	手持稳定器	约 4s
10	仰拍跟摇运镜	人物举伞上桥的背影	手持稳定器	约 3s

6.3　分镜头片段

《洋湖美影》公园游记的分镜头片段来源于镜头脚本，拍摄者根据脚本内容拍摄出了十个分镜头。下面将把这些分镜头片段一一展示和演示给大家。

6.3.1　镜头1：下降前推运镜

第1个镜头展示的是环境。在拍摄本镜头时，用围栏做遮挡，慢慢展现环境的全貌，交代故事发生的地点，如图6-2所示。

图 6-2　镜头画面

下降前推运镜动画演示如图6-3所示。拍摄者把镜头对着围栏，画面中是一半围栏一半虚化的风景，然后开始下降镜头，下降到围栏下面之后就开始前推，越过围栏拍摄远处的风景。

图 6-3　下降前推运镜动画演示

6.3.2　镜头2：过肩后拉运镜

第2个镜头展示的是人物。本镜头的画面焦点由景转化到人，通过过肩后拉运镜拍摄，画面流畅又自然。这也是一个过渡的画面，为主人公出场做铺垫，如图6-4所示。

图 6-4　镜头画面

过肩后拉运镜动画演示如图6-5所示。为了拍摄到更多的环境，可以开启0.5倍广角模式。在过肩后拉运镜之前，画面以风景为主，将镜头从人物肩膀的位置后拉之后，镜头就处于人物的前方，可以拍摄人物的正面。

图 6-5　过肩后拉运镜动画演示

6.3.3　镜头3:从右至左环绕

第3个镜头展示的是物体。本镜头通过拍摄古街中的灯笼进行转场,并为接下来拍摄扫街分镜头片段做好铺垫,如图6-6所示。

图 6-6　镜头画面

从右至左环绕运镜动画演示如图6-7所示。拍摄者仰拍灯笼,从灯笼的右侧环绕到正面,也就是从右至左环绕。环绕的幅度可以大一些,后期剪辑空间也会大一些。

全景

图 6-7　从右至左环绕运镜动画演示

6.3.4　镜头4:运动延时

第4个镜头展示的是古街。用运动延时来快速扫完一条街,让观众更有代入感,仿佛身临其境,如图6-8所示。

图 6-8　镜头画面

运动延时动画演示如图6-9所示。在稳定器自带的DJI Mimo App中开启延时模式，拍摄者手举着稳定器，从街道的一头走到另一头，拍摄完成后，App会自动合成延时视频。在拍摄的时候，拍摄者最好保持固定的镜头高度，匀速直线行走。

图 6-9　运动延时动画演示

6.3.5　镜头5：升镜头

第5个镜头展示的是建筑。通过展示古街中古色古香的特色建筑，让观众产生神往之感，如图6-10所示。

图 6-10　镜头画面

升镜头动画演示如图6-11所示。在最开始拍摄的时候，镜头可以先降低一些，再慢慢升高，这样镜头运动的幅度会变大一些，画面也更富于变化。

图 6-11　升镜头动画演示

6.3.6　镜头6：半环绕运镜

第6个镜头展示的是特色牌匾。在拍摄特色建筑时，可以拍摄其局部，比如牌匾等细节部分，加深观众的记忆点，如图6-12所示。

图 6-12　镜头画面

半环绕运镜动画演示如图6-13所示。拍摄者环绕拍摄的时候，可以从拍摄被摄对象的正面，到拍摄其侧面，以展示不同角度的局部画面。

图 6-13　半环绕运镜动画演示

6.3.7　镜头7：固定空镜头

第7个镜头展示的是水面倒影，这也是切合主题的一个画面。这个镜头虽然时长不是很长，却起着转场的作用，如图6-14所示。

图 6-14　镜头画面

6.3.8　镜头8：后拉运镜

第8个镜头展示的是人物。这个分镜头逐渐到达视频的高潮部分，以人物背影为主要画面，展示水边的人物倩影，如图6-15所示。

图 6-15　镜头画面

后拉运镜动画演示如图6-16所示。拍摄这个镜头时运动幅度不是很大，一点点地后拉运镜，主要是需要人物把伞转过来。

图 6-16　后拉运镜动画演示

6.3.9　镜头9：后拉左摇运镜

第9个镜头展示的是人物。这个镜头与上一个镜头连接在一起，在人物把伞转过来的时候，又把伞转过去并举高，形成了一个旖旎的画面，如图6-17所示。

图 6-17　镜头画面

后拉左摇运镜动画演示如图6-18所示。拍摄者在后拉运镜的时候，需要向左摇摄，让人物处于画面的中心。

图 6-18　后拉左摇运镜动画演示

6.3.10　镜头10：仰拍跟摇运镜

第10个镜头展示的是人物上桥的画面。在人物举伞上桥时，拍摄者从桥下仰拍，以天空为背景，逆光拍摄剪影并留白。这样的结束镜头，让人回味无穷，如图6-19所示。

图 6-19　镜头画面

仰拍跟摇运镜动画演示如图6-20所示。拍摄者在仰拍的时候，可以开启长焦模式进行取景，让画面主要以人物为主体，而且背景也会简洁一些，拿着手机跟着人物的运动进行摇镜即可。

图 6-20　仰拍跟摇运镜动画演示

6.4　后期剪辑

扫码看成品效果

为了将分镜头片段组合成一段精美的短视频，可以为视频进行曲线变速处理、设置抠图转场、添加音乐和制作片头等，让视频画面更具吸引力。

6.4.1　进行曲线变速处理

扫码看教学视频

【效果展示】：不同于常规变速，曲线变速可以让视频中部分片段的播放速度变快，或者部分片段的播放速度变慢，灵活性更强一些，效果展示如图6-21所示。

图 6-21　效果展示

下面介绍在剪映App中进行曲线变速处理的具体操作方法。

步骤01 在剪映App中依次导入10个素材片段，❶选择镜头6素材；❷点击"变速"按钮，如图6-22所示。

步骤02 在弹出的二级工具栏中点击"曲线变速"按钮，如图6-23所示。

图 6-22　点击"变速"按钮　　　　　图 6-23　点击"曲线变速"按钮

步骤 03 在"曲线变速"面板中选择"自定"选项，如图6-24所示。

步骤 04 继续点击"点击编辑"按钮，如图6-25所示。

步骤 05 进入"自定"面板，❶把中间那个变速点往上拖曳至速度为10.0x的位置；❷点击✓按钮确认操作，如图6-26所示，让视频中间部分的播放速度变快，其他部分的播放速度则不变。

　　图 6-24　选择"自定"选项　　　图 6-25　点击"点击编辑"按钮　　图 6-26　点击相应的按钮

6.4.2　设置建筑抠图转场

　　【效果展示】：剪映新增的自定义抠像功能可以实现建筑抠图的效果，无须使用额外的抠图软件，也能抠出完美的建筑，制作抠图转场，效果展示如图6-27所示。

扫码看教学视频

图 6-27　效果展示

　　下面介绍在剪映App中设置建筑抠图转场的具体操作方法。

步骤 01 点击镜头2素材与镜头3素材之间的┃按钮，添加"炫光Ⅱ"光效转场，如图6-28所示。

步骤 02 在镜头6素材与镜头7素材之间添加"亮点模糊"模糊转场，如图6-29所示。

步骤 03 ❶选择镜头5素材；❷在其起始位置点击"定格"按钮，如图6-30所示。

步骤 04 定格画面之后，点击"切画中画"按钮，如图6-31所示。

步骤 05 把素材切换至画中画轨道中，❶设置素材的时长为0.6s，并调整其在轨道中的位置，使其末

图 6-28　添加"炫光Ⅱ"
光效转场

图 6-29　添加"亮点模糊"
模糊转场

端与镜头 5 素材的起始位置对齐；❷点击"抠像"按钮，如图 6-32 所示。

图 6-30　点击"定格"按钮　　　图 6-31　点击"切画中画"按钮　　　图 6-32　点击"抠像"按钮

步骤 06 在弹出的工具栏中点击"自定义抠像"按钮，如图6-33所示。

步骤 07 默认选择"快速画笔"选项，设置"画笔大小"参数为 10，如图6-34所示。

图 6-33　点击"自定义抠像"按钮

图 6-34　设置"画笔大小"参数

步骤 08 涂抹画面中的建筑，如图6-35所示，一笔一笔地把建筑涂成红色。

步骤 09 对于边缘处多余的红色部分，选择"擦除"选项，如图6-36所示。

步骤 10 ❶放大画面；❷涂抹画面中多余的红色部分，如图6-37所示。

图 6-35　涂抹画面中的建筑

图 6-36　选择"擦除"选项

图 6-37　涂抹多余的红色部分

步骤 11 点击 ✓ 按钮确认抠图，点击"动画"按钮，如图6-38所示。

步骤 12 在弹出的工具栏中点击"入场动画"按钮，如图6-39所示。

步骤13 在"入场动画"面板中选择"向下甩入"动画，如图6-40所示，让建筑抠图有从天而降的效果。最后为镜头3素材添加"轻微放大"基础特效，并调整其时长。

图 6-38　点击"动画"按钮　　图 6-39　点击"入场动画"按钮　　图 6-40　选择"向下甩入"动画

6.4.3　添加抖音中的音乐

【效果展示】：如果在抖音平台中刷到合适的音乐，可以通过复制链接提取音乐的方式，把音乐添加到剪映中的视频里来，画面效果如图6-41所示。

扫码看教学视频

图 6-41　画面效果

下面介绍在剪映App中添加抖音中的音乐的具体操作方法。

步骤01 在抖音中打开一段需要用到其音乐的视频，点击收藏下方的省略号按钮，如图6-42所示。

步骤02 在弹出的面板中点击"复制链接"按钮，如图6-43所示。

图 6-42　点击相应的按钮

图 6-43　点击"复制链接"按钮

步骤03 打开剪映 App，在视频起始位置点击"音频"按钮，如图 6-44 所示。

步骤04 在弹出的二级工具栏中点击"音乐"按钮，如图6-45所示。

步骤05 进入"添加音乐"界面，❶切换至"导入音乐"选项卡；❷粘贴刚才复制的链接；❸点击右侧的↓按钮解析下载音频，如图6-46所示。

图 6-44　点击"音频"按钮

图 6-45　点击"音乐"按钮

图 6-46　点击相应按钮

步骤06 下载成功之后，点击音频右侧的"使用"按钮，如图6-47所示。

步骤07 拖曳音频素材右侧的白色拉杆，调整其时长，使其与视频的时长一致，如图6-48所示。

图 6-47 点击"使用"按钮

图 6-48 调整音频素材的时长

6.4.4 制作水滴感片头

【效果展示】：如果没有惊艳的片头，观众会一秒划过，所以创意片头可以为视频带来更多的流量。下面介绍如何制作水滴感片头，效果展示如图6-49所示。

扫码看教学视频

图 6-49 效果展示

下面介绍在剪映App中制作水滴感片头的具体操作方法。

步骤01 ❶选择镜头1素材；❷在起始位置点击"定格"按钮，如图6-50所示，定格画面。

步骤02 ❶调整音频在轨道中的位置，使其起始位置与镜头 1 素材的起始位置对齐；❷ 在定格素材的起始位置依次点击"文字"按钮和"新建文本"按钮，如图 6-51 所示。

图 6-50　点击"定格"按钮

图 6-51　点击"新建文本"按钮

步骤 03 ❶输入文字；❷选择书法字体；❸微微放大文字，如图6-52所示。

步骤 04 ❶切换至"动画"选项卡；❷展开"循环"选项区，如图 6-53 所示。

步骤 05 ❶选择"超强波浪Ⅱ"动画；❷设置动画时长为3.0s，如图6-54所示。

图 6-52　微微放大文字

图 6-53　展开"循环"选项区

图 6-54　设置动画时长

步骤 06 在文字的起始位置点击◇按钮添加关键帧，如图6-55所示。

步骤07 在文字的末尾位置，再将文字放大一些，如图6-56所示。

步骤08 在起始位置依次点击"特效"按钮和"画面特效"按钮，如图6-57所示。

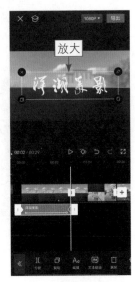
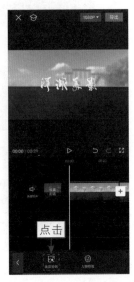

图 6-55　添加关键帧　　　　图 6-56　放大文字　　　　图 6-57　点击"画面特效"按钮

步骤09 ❶切换至"自然"选项卡；❷选择"雨滴晕开"特效，如图 6-58 所示。

步骤10 在起始位置依次点击"音频"按钮和"音效"按钮，如图 6-59 所示。

步骤11 ❶搜索"水滴声"；❷点击"水滴声"音效右侧的"使用"按钮，如图6-60所示。

步骤12 调整音效素材的时长，使其与定格素材的时长一致，如图 6-61 所示。

步骤13 在定格素材的起始位置依次点击"画中画"按钮和"新增画中画"按钮，如图6-62所示。

图 6-58　选择"雨滴晕开"　　图 6-59　点击"音效"
　　　　　特效　　　　　　　　　　　按钮

图 6-60　点击"使用"按钮　　图 6-61　调整音效素材的时长　图 6-62　点击"新增画中画"按钮

步骤 14 ❶在"素材库"选项卡中搜索"水滴素材"；❷选择一段素材；❸点击"添加"按钮，如图6-63所示。

步骤 15 ❶调整水滴素材的时长和在画面中的大小；❷点击"混合模式"按钮，如图6-64所示。

步骤 16 在"混合模式"面板中选择"滤色"选项，如图6-65所示。

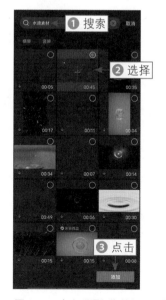

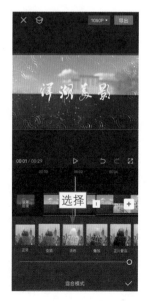

图 6-63　点击"添加"按钮　　图 6-64　点击"混合模式"按钮　图 6-65　选择"滤色"选项

第 7 章

城市旅游：《在湘江边上》

本章要点

关于城市旅游Vlog，前期最主要的是找到城市最有特色的代表景点，然后设计脚本和实施拍摄。本章制作的城市旅游视频拍摄的地点是湘江边上，所以拍摄内容也是围绕其展开的。当然，除了选择固定的城市景点进行拍摄，还可以选择多个景点，后期剪辑合成为一段完整的旅游Vlog。

7.1 《在湘江边上》分镜头演示效果

城市旅游《在湘江边上》Vlog是由多个分镜头片段构成的，分镜头演示视频是由成品视频与镜头脚本组成的，便于大家欣赏与学习，演示效果如图7-1所示。

扫码看分镜头演示

镜号	画面	运镜	时长
1	人物在广场上行走	下摇后拉运镜	约 3s
2	人物站在广场边上	后拉下降运镜	约 6s
3	远处的江景	降镜头	约 3s
4	人物在路边行走	上升跟随镜头	约 5s
5	江景	远景摇摄	约 3s
6	人物靠在围栏边上	环绕后拉运镜	约 6s
7	人物在栏边上行走	仰拍跟随镜头	约 4s
8	人物走到江边	跟随右摇运镜	约 5s

镜号	画面	运镜	时长
1	人物在广场上行走	下摇后拉运镜	约 3s
2	人物站在广场边上	后拉下降运镜	约 6s
3	远处的江景	降镜头	约 3s
4	人物在路边行走	上升跟随镜头	约 5s
5	江景	远景摇摄	约 3s
6	人物靠在围栏边上	环绕后拉运镜	约 6s
7	人物在栏边上行走	仰拍跟随镜头	约 4s
8	人物走到江边	跟随右摇运镜	约 5s

镜号	画面	运镜	时长
1	人物在广场上行走	下摇后拉运镜	约 3s
2	人物站在广场边上	后拉下降运镜	约 6s
3	远处的江景	降镜头	约 3s
4	人物在路边行走	上升跟随镜头	约 5s
5	江景	远景摇摄	约 3s
6	人物靠在围栏边上	环绕后拉运镜	约 6s
7	人物在栏边上行走	仰拍跟随镜头	约 4s
8	人物走到江边	跟随右摇运镜	约 5s

镜号	画面	运镜	时长
6	人物靠在围栏边上	环绕后拉运镜	约 6s
7	人物在栏边上行走	仰拍跟随镜头	约 4s
8	人物走到江边	跟随右摇运镜	约 5s
9	人物站在江边	旋转前推运镜	约 5s
10	人物站在江边	背面环绕运镜	约 5s
11	江边的潮水	上升空镜头	约 4s
12	人物坐在大石头上	上摇前推运镜	约 6s
13	江边风景	水平摇镜	约 4s

镜号	画面	运镜	时长
6	人物靠在围栏边上	环绕后拉运镜	约 6s
7	人物在栏边上行走	仰拍跟随镜头	约 4s
8	人物走到江边	跟随右摇运镜	约 5s
9	人物站在江边	旋转前推运镜	约 5s
10	人物站在江边	背面环绕运镜	约 5s
11	江边的潮水	上升空镜头	约 4s
12	人物坐在大石头上	上摇前推运镜	约 6s
13	江边风景	水平摇镜	约 4s

镜号	画面	运镜	时长
6	人物靠在围栏边上	环绕后拉运镜	约 6s
7	人物在栏边上行走	仰拍跟随镜头	约 4s
8	人物走到江边	跟随右摇运镜	约 5s
9	人物站在江边	旋转前推运镜	约 5s
10	人物站在江边	背面环绕运镜	约 5s
11	江边的潮水	上升空镜头	约 4s
12	人物坐在大石头上	上摇前推运镜	约 6s
13	江边风景	水平摇镜	约 4s

图 7-1　演示效果

7.2 镜头脚本

表7-1所示为《在湘江边上》短视频的脚本。

表 7-1 《在湘江边上》短视频的脚本

镜号	运镜	画面	设备	时长
1	下摇后拉运镜	人物在广场上行走	手持稳定器	约 3s
2	后拉下降运镜	人物站在广场边上	手持稳定器	约 6s
3	降镜头	远处的江景	手持稳定器	约 3s
4	上升跟随镜头	人物在路边行走	手持稳定器	约 5s
5	远景摇摄	江景	手持稳定器	约 3s
6	环绕后拉运镜	人物靠在围栏边上	手持稳定器	约 6s
7	仰拍跟随镜头	人物在围栏边上行走	手持稳定器	约 4s
8	跟随右摇运镜	人物走到江边	手持稳定器	约 5s
9	旋转前推运镜	人物站在江边	手持稳定器	约 5s
10	背面环绕运镜	人物站在江边	手持稳定器	约 5s
11	上升空镜头	江边的潮水	手持稳定器	约 4s
12	上摇前推运镜	人物坐在大石头上	手持稳定器	约 6s
13	水平摇镜	江边风景	手持稳定器	约 4s

7.3 分镜头片段

《在湘江边上》城市旅游的分镜头片段来源于镜头脚本，拍摄者根据脚本内容拍摄出了13个分镜头。下面将把这些分镜头片段一一展示和演示给大家。

7.3.1 镜头1：下摇后拉运镜

第1个镜头展示人物出场的画面，交代人物所处的环境与地点，如图7-2所示。

图 7-2 镜头画面

下摇后拉运镜动画演示如图7-3所示。拍摄者仰拍人物头部的天空，在人物前行的时候，将镜头下摇下来拍摄人物，并且拍摄者开始后退，进行后拉拍摄，离人物也越来越远了。

图 7-3　下摇后拉运镜动画演示

7.3.2　镜头2：后拉下降运镜

第2个镜头展示的是人物，拍摄人物在广场边上看风景的画面，展示人物与其所处的环境，渐渐进入主题，如图7-4所示。

图 7-4　镜头画面

后拉下降运镜动画演示如图7-5所示。镜头在人物的反侧面，人物位置不变，拍摄者慢慢后拉运镜，并下降一定的角度，展示更多的地面环境。

图 7-5　后拉下降运镜动画演示

7.3.3 镜头3：降镜头

第3个镜头展示的是风景，拍摄的是江面远处的轮船与江景，与上段人物远眺江边的分镜头形成逻辑上的连接，如图7-6所示。

图 7-6　镜头画面

降镜头动画演示如图7-7所示。拍摄者从拍摄江边上方的建筑位置开始让镜头下降，拍摄进入画面的轮船与岸边，展现优美的江边风景。

 全景

图 7-7　降镜头动画演示

7.3.4 镜头4：上升跟随镜头

第4个镜头展示的是人物，拍摄人物进入另一个场景的画面，继续展示人物与江边的美景，如图7-8所示。

图 7-8　镜头画面

上升跟随镜头动画演示如图7-9所示。从人物的背面开始拍摄，首先将机位降低一些，在人物背面跟随拍摄的时候，慢慢升高镜头，继续拍摄人物的上半身。

中景

图 7-9　上升跟随镜头动画演示

7.3.5　镜头5：远景摇摄

第5个镜头展示的是江景。与镜头1素材和镜头2素材的连接有着同样的原理，在人物停下脚步看风景的时候，下一个镜头就自然而然地连接到风景镜头中来，让镜头之间无缝衔接，如图7-10所示。

图 7-10　镜头画面

远景摇摄动画演示如图7-11所示。对于宏大的远景场面，摇镜头是最常见的一种，无论是左摇还是右摇，都能让风景尽收眼前，展示壮丽的美景。

远景

图 7-11　远景摇摄动画演示

7.3.6 镜头6：环绕后拉运镜

第 6 个镜头展示的是人物，拍摄人物靠在围栏边上的画面。采用从右至左环绕的运镜方式，可以从各个角度展现人物，以及周边的风景，如图 7-12 所示。

图 7-12　镜头画面

环绕后拉运镜动画演示如图7-13所示。拍摄者需要将手机倾斜一定的角度进行环绕拍摄，在环绕至另一侧的时候再微微后拉，展示更多的人物与环境。

图 7-13　环绕后拉运镜动画演示

7.3.7 镜头7：仰拍跟随镜头

第7个镜头展示的是人物，依旧是在围栏边上，人物沿着围栏慢悠悠地散步，闲适的样子反衬出江面的风景非常怡人，如图7-14所示。

图 7-14　镜头画面

仰拍跟随镜头动画演示如图7-15所示。拍摄者在人物的侧面进行仰拍，在人物前行的时候，跟随人物，并保持人物处于画面的中心位置。在仰拍的时候，背景多是天空，所以拍摄者可以降低机位，这样的角度刚刚好。

图 7-15　仰拍跟随镜头动画演示

7.3.8　镜头8：跟随右摇运镜

第8个镜头展示的是人物，拍摄人物走向江边的画面，同时远处的轮船也刚好驶进画面，如图7-16所示。在拍摄时，需要掌握好时间，尽量抓拍住一些偶然的元素。

图 7-16　镜头画面

跟随右摇运镜动画演示如图7-17所示。由于轮船往右行驶，所以拍摄者在跟随拍摄的过程中要进行一定程度的右摇，可以让轮船也成为画面的背景。

图 7-17　跟随右摇运镜动画演示

161

7.3.9　镜头9：旋转前推运镜

第9个镜头展示的是人物。这个镜头拍摄的画面可以与上一个镜头拍摄的画面连接在一起，因为人物走向江边的时候，会沉醉在美景中，如图7-18所示。

图 7-18　镜头画面

旋转前推运镜动画演示如图7-19所示。将镜头旋转一定的角度，向人物的位置推进，并且在将镜头推向人物的同时，回正角度，展示平拍角度下的人物背影。

图 7-19　旋转前推运镜动画演示

7.3.10　镜头10：背面环绕运镜

第10个镜头展示的是人物，并且与上一个镜头拍摄的画面依旧继续连接在一起，展示多个角度下的人物与其周边的美景，如图7-20所示。

图 7-20　镜头画面

　　背面环绕运镜动画演示如图7-21所示。拍摄者拍摄人物的侧面，从人物右侧一点的位置环绕，环绕到其左侧一点的位置。在环绕的过程中，镜头与人物之间的距离、镜头在地面上的高度都不变。

图 7-21　背面环绕运镜动画演示

7.3.11　镜头11：上升空镜头

　　第11个镜头展示的是江水，这个空镜头画面主要起着转场的作用，与下一个画面连接在一起，如图7-22所示。

图 7-22　镜头画面

　　上升空镜头动画演示如图7-23所示。在拍摄的时候，镜头是微微俯下的，所以在将镜头上升的时候，主要靠拍摄者手臂的升高。

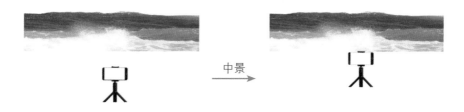

图 7-23　上升空镜头动画演示

7.3.12 镜头12：上摇前推运镜

第12个镜头展示的是坐在石头上的人。在上个镜头中有一个大石头，这个镜头人物坐在石头上，利用相同的元素来实现画面的转变，如图7-24所示。

图 7-24　镜头画面

上摇前推运镜动画演示如图7-25所示。人物坐在石头上位置是不变的，所以拍摄者从远处将镜头推向人物的时候，是从俯拍的角度进行上摇的，展示平拍角度下的人物。

近景

图 7-25　上摇前推运镜动画演示

7.3.13 镜头13：水平摇镜

第13个镜头展示的是江景。这个水天一色的江景画面作为本视频的结束镜头是最合适的，也刚好切合"在湘江边上"这个主题，如图7-26所示。

图 7-26　镜头画面

　　水平摇镜动画演示如图7-27所示。在拍摄的时候，拍摄者跟着轮船的运动方向进行水平摇镜，展示动态的视频画面。

全景

图 7-27　水平摇镜动画演示

7.4　后期剪辑

　　普遍和主要的剪辑方法与流程，在前面几章我们已经介绍过很多了，本章后期剪辑的重点是制作蒙版分屏片头与求关注片尾。

扫码看成品效果

7.4.1　设置转场与添加音乐

　　【效果展示】：部分过渡有些突兀的片段，我们可以添加转场，让画面自然衔接；在添加音乐之后，还可以设置音乐淡出的时长，效果展示如图7-28所示。

扫码看教学视频

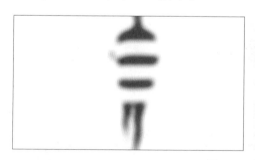

图 7-28　效果展示

　　下面介绍在剪映App中设置转场与添加音乐的具体操作方法。

　　步骤01 在剪映App中依次添加13个素材，点击镜头3与镜头4素材之间的 I 按钮，在"转场"面板中添加"泛光"光效转场，如图7-29所示。

　　步骤02 为镜头7素材、镜头8素材之间添加"快门"拍摄转场，如图7-30所示。

步骤03 在视频起始位置依次点击"音频"按钮和"音乐"按钮，如图7-31所示。

图 7-29 添加"泛光"转场　　　图 7-30 添加"快门"转场　　　图 7-31 点击"音乐"按钮

步骤04 ❶在搜索栏中输入并搜索音乐；❷点击所选音乐右侧的"使用"按钮，如图7-32所示。

步骤05 ❶调整音频素材的时长；❷点击"淡化"按钮，如图7-33所示。

步骤06 设置"淡出时长"为0.5s，如图7-34所示，让音乐结束的时候更加自然。

图 7-32 点击"使用"按钮　　　图 7-33 点击"淡化"按钮　　　图 7-34 设置"淡出时长"

7.4.2　添加入场与出场动画

扫码看教学视频

【效果展示】：在剪映中可以为所有的素材添加动画，主要有入场、出场和组合动画3种类型，合理添加这些动画，能让视频画面更有趣，效果展示如图7-35所示。

图 7-35　效果展示

下面介绍在剪映App中添加入场与出场动画的具体操作方法。

步骤01 ❶选择镜头2素材；❷点击"动画"按钮，如图7-36所示。

步骤02 在弹出的工具栏中点击"出场动画"按钮，如图7-37所示。

图 7-36　点击"动画"按钮

图 7-37　点击"出场动画"按钮

步骤03 在"出场动画"面板中选择"向左滑动"动画，如图7-38所示。

步骤04 ❶选择镜头3素材；❷点击"入场动画"按钮，如图7-39所示。

步骤05 在"入场动画"面板中选择"向左滑动"动画，如图7-40所示，使两个素材之间的衔接动画都是同一个方向。

图 7-38　选择"向左滑动"动画　　图 7-39　点击"入场动画"按钮　　图 7-40　选择相应的动画

7.4.3　添加特效丰富画面

【效果展示】：在剪映中不仅有画面特效，还有人物特效，各种风格类型的特效都可以用来装扮我们的视频，让画面更加丰富和生动，效果展示如图7-41所示。

扫码看教学视频

图 7-41　效果展示

下面介绍在剪映App中添加特效丰富画面的具体操作方法。

步骤01 在视频第4s左右的位置点击"特效"按钮，如图7-42所示。

步骤02 在弹出的二级工具栏中点击"画面特效"按钮，如图7-43所示。

步骤03 ❶切换至"氛围"选项卡；❷选择"星火炸开"特效，如图7-44所示。

图 7-42　点击"特效"按钮　　图 7-43　点击"画面特效"按钮　　图 7-44　选择"星火炸开"特效

步骤 04 在"星火炸开"特效的后面点击"人物特效"按钮，如图 7-45 所示。

步骤 05 ❶ 切换至"环绕"选项卡；❷ 选择"箭头环绕"特效，如图 7-46 所示。

步骤 06 为镜头 4 素材添加"三格漫画"特效，并调整时长，如图 7-47 所示。

图 7-45　点击"人物特效"按钮　　图 7-46　选择"箭头环绕"特效　　图 7-47　添加"三格漫画"特效

步骤 07 为镜头 6 素材依次添加"萤火"环绕特效与"仙尘闪闪"金粉特效，如图 7-48 所示。

步骤 08 为镜头 7 素材添加"蝴蝶"氛围特效，并调整其时长，如图 7-49 所示。

步骤09 在镜头8素材至镜头13素材之间的位置添加"录制边框Ⅱ"特效，如图7-50所示。

图 7-48　添加两个特效　　图 7-49　添加"蝴蝶"特效　　图 7-50　添加"录制边框Ⅱ"特效

7.4.4　制作蒙版分屏片头

【效果展示】：剪映中的蒙版有很多作用，比如制作分身效果，或者遮挡住相应的画面。本节主要介绍如何用蒙版制作分屏片头，效果展示如图7-51所示。

扫码看教学视频

图 7-51　效果展示

下面介绍在剪映App中制作蒙版分屏片头的具体操作方法。

步骤01 ❶ 选择镜头1素材；❷ 点击"复制"按钮，如图7-52所示，复制素材。

步骤02 ❶ 选择复制后的素材；❷ 点击"切画中画"按钮，如图7-53所示，把素材切换至画中画轨道中。

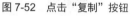

图 7-52　点击"复制"按钮

图 7-53　点击"切画中画"按钮

步骤03 调整画中画轨道中素材的位置和时长，如图7-54所示。

步骤04 同理，复制同一段素材，并调整其到第二条画中画轨道中素材的位置和时长，如图7-55所示。

步骤05 ❶选择视频轨道中的镜头1素材；❷点击"蒙版"按钮，如图7-56所示。

图 7-54　调整素材的位置与时长

图 7-55　调整素材

图 7-56　点击"蒙版"按钮

步骤06 ❶选择"矩形"蒙版；❷调整蒙版的形状与画面位置，如图7-57所示。

步骤07 ❶选择第一条画中画轨道中的素材；❷选择"矩形"蒙版；❸调整

171

蒙版的形状与其在画面中的位置，如图7-58所示。

步骤08 ❶选择第二条画中画轨道中的素材；❷选择"矩形"蒙版；❸调整蒙版的形状与其在画面中的位置，把画面分成3份，如图7-59所示。

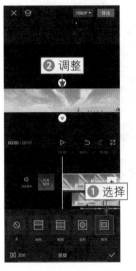
图7-57　调整蒙版的形状与位置（1）

图7-58　调整蒙版

图7-59　调整蒙版的形状与位置（2）

步骤09 依次点击"动画"按钮和"入场动画"按钮，如图7-60所示。

步骤10 在"入场动画"面板中选择"向下甩入"动画，如图7-61所示。

步骤11 选择第一条画中画轨道中的素材，添加"向右转入"入场动画，如图7-62所示。

图7-60　点击"入场动画"按钮

图7-61　选择"向下甩入"动画

图7-62　添加相应的动画

步骤12 选择视频轨道中的素材，添加"向左转入"入场动画，如图 7-63 所示。

步骤13 在 1s 左右的位置依次点击"文字"和"文字模板"按钮，如图 7-64 所示。

步骤14 在"旅行"选项区中选择一款文字模板，如图 7-65 所示，并调整其时长。

图 7-63　添加"向左转入"动画　　图 7-64　点击"文字模板"按钮　　图 7-65　选择文字模板

7.4.5　制作求关注片尾

【效果展示】：为发布到短视频平台上的视频制作求关注片尾，可以让观众记住发布者的名字，还可以提醒观众点赞、关注和评论，效果展示如图 7-66 所示。

扫码看教学视频

图 7-66　效果展示

下面介绍在剪映 App 中制作求关注片尾的具体操作方法。

步骤01 在视频的末尾位置点击 + 按钮，如图 7-67 所示。

步骤02 ❶在"照片"选项区中选择头像；❷选中"高清"复选框；❸点击"添加"按钮，如图7-68所示。

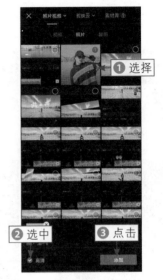

图 7-67　点击相应的按钮　　　　　　图 7-68　点击"添加"按钮（1）

步骤03 在照片素材的起始位置点击"画中画"按钮，如图7-69所示。

步骤04 在弹出的二级工具栏中点击"新增画中画"按钮，如图7-70所示。

步骤05 切换至"素材库"选项卡，❶搜索"片尾"；❷选择一款片尾素材；❸点击"添加"按钮，如图7-71所示。

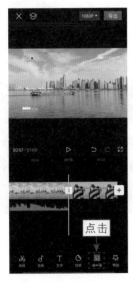

图 7-69　点击"画中画"按钮　图 7-70　点击"新增画中画"按钮　图 7-71 点击"添加"按钮（2）

步骤 06 添加片尾素材之后，点击"抠像"按钮，如图7-72所示。

步骤 07 在弹出的工具栏中点击"色度抠图"按钮，如图7-73所示。

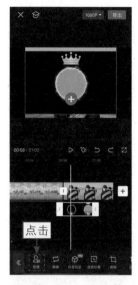

图 7-72 点击"抠像"按钮

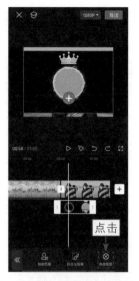

图 7-73 点击"色度抠图"按钮

步骤 08 拖曳取色器圆环，在画面中取样绿色，如图7-74所示。

步骤 09 设置"强度"和"阴影"参数为100，抠除绿幕，如图7-75所示。

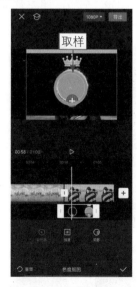

图 7-74 取样绿色

图 7-75 设置相应的参数

步骤 10 点击☑按钮确认操作，点击"调节"按钮，在"调节"选项卡中选择HSL选项，如图7-76所示。

步骤11 ❶选择绿色选项◯；❷设置"饱和度"参数为-100，让圆框边缘的绿色变成灰色，如图7-77所示。

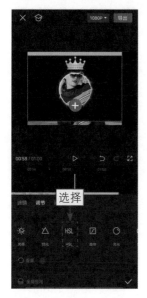

图 7-76　选择 HSL 选项

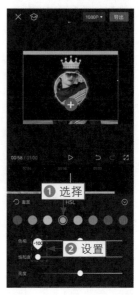

图 7-77　设置"饱和度"参数

步骤12 ❶调整头像素材的时长，使其与片尾素材的时长一致；❷调整头像素材和片尾素材在画面中的位置和大小，使其处于画面的左侧，如图7-78所示。

步骤13 在片尾素材的起始位置点击"文字"按钮，如图7-79所示。

图 7-78　调整素材的位置和大小

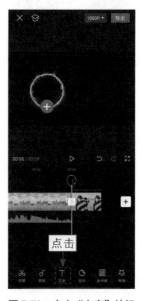

图 7-79　点击"文字"按钮

步骤14 在弹出的二级工具栏中点击"文字模板"按钮，如图7-80所示。

步骤15 ❶在"互动引导"选项区中选择模板；❷更改文字内容；❸调整文字的时长、大小和位置，如图7-81所示。

图 7-80　点击"文字模板"按钮

图 7-81　调整文字的时长、大小和位置

第 8 章

开箱视频：《验货扫地机器人》

本章要点

拍摄和制作开箱视频的重点在于把一件产品的优点与特点展示出来，不管是用画面，还是用文字，都需要说清楚。在拍摄的时候，最好有模特进行出镜解说，进行开箱验货，这样才能让视频更有代入感。由于开箱视频大部分都是室内场景，所以景别变化也不是很大，大部分是中、近景或者特写镜头。

8.1 《验货扫地机器人》分镜头演示效果

扫码看分镜头演示

开箱视频《验货扫地机器人》是由多个分镜头片段构成的，分镜头演示视频是由成品视频与镜头脚本组成的，便于大家欣赏与学习，演示效果如图8-1所示。

镜号	画面	运镜	时长
1	人物开场介绍	固定镜头	约4s
2	人物在快递箱子旁边	上下摇镜	约4s
3	人物开箱	固定镜头	约3s
4	人物开箱	固定镜头	约3s
5	人物打开快递箱子	后拉+跟踪拍摄	约11s
6	介绍箱子里的主要产品	跟踪拍摄	约6s
7	人物介绍赠品	固定+跟踪拍摄	约15s
8	人物介绍主机	跟踪拍摄	约26s

镜号	画面	运镜	时长
9	人物拿产品过渡台词	固定+摇镜头	约4s
10	介绍扫地机的功能	跟踪拍摄	约21s
11	介绍清洗站的整体	跟踪拍摄	约8s
12	介绍清洗站的功能	跟踪拍摄	约5s
13	介绍清洗站的特点	跟踪拍摄	约6s
14	展示水箱细节	跟踪拍摄	约6s
15	展示开箱后的所有产品	后拉前推运镜	约7s
16	结束开箱，与观众说拜拜	固定镜头	约12s

图 8-1　演示效果

8.2 镜头脚本

表8-1所示为《验货扫地机器人》短视频的脚本。在设计脚本之前，可以提前做好准备，了解产品的相关信息，从而在拍摄的时候加入一些产品的详细介绍，也能让出镜的人物有话可说，这样设计的解说台词也会有逻辑一些。

表 8-1   《验货扫地机器人》短视频的脚本

镜号	运镜	画面	设备	时长
1	固定镜头	人物开场介绍	三脚架	约 4s
2	上下摇镜	人物在快递箱子旁边	手持拍摄	约 4s
3	固定镜头	人物开箱	手持拍摄	约 3s
4	固定镜头	人物开箱	手持拍摄	约 3s
5	后拉 + 跟踪拍摄	人物打开快递箱子	手持拍摄	约 11s
6	跟踪拍摄	人物介绍箱子里的主要产品	手持拍摄	约 6s
7	固定 + 跟踪拍摄	人物介绍赠品	手持拍摄	约 15s
8	跟踪拍摄	人物介绍主机	手持拍摄	约 26s
9	固定 + 摇镜头	人物念产品过渡台词	手持拍摄	约 4s
10	跟踪拍摄	介绍扫地机器人的功能	手持拍摄	约 21s
11	跟踪拍摄	介绍清洗站的整体	手持拍摄	约 8s
12	跟踪拍摄	介绍清洗站的功能	手持拍摄	约 5s
13	跟踪拍摄	介绍清洗站的特点	手持拍摄	约 6s
14	跟踪拍摄	展示水箱细节	手持拍摄	约 6s
15	后拉前推运镜	展示开箱完成后的所有产品	手持拍摄	约 7s
16	固定镜头	结束开箱，与观众说拜拜	三脚架	约 12s

8.3 分镜头片段

《验货扫地机器人》视频是由十几个分镜头片段组成的，大部分都是用手机竖屏拍摄的。在拍摄的时候，由于大部分都是近景或者特写镜头，可以手持拍摄，操作也比较方便，还可以用三脚架稳定手机拍摄固定镜头。

8.3.1　镜头1：固定镜头

第1个镜头展示的是人物的开场介绍。此镜头用三脚架固定拍摄，让人物对着镜头打招呼，并说出今天的视频主题，如图8-2所示。

图 8-2　镜头画面

8.3.2　镜头2：上下摇镜

第2个镜头展示的是人物准备开箱的画面，人物可以说一些比较直观的感想，让观众有着相似的体验感，渐渐代入主题，如图8-3所示。

图 8-3　镜头画面

上下摇镜动画演示如图8-4所示。在最开始的时候，俯拍箱子，在人物抬头说话的时候上摇镜头，拍摄人物，在人物说完之后，继续下摇镜头俯拍箱子。

图 8-4　上下摇镜动画演示

8.3.3　镜头3：固定镜头

第 3 个镜头展示的是开箱的过程，用固定镜头手持拍摄，拍摄人物开启箱子的第一步，如图 8-5 所示。开箱的第一步、最后一步都是非常关键的画面。

图 8-5　镜头画面

8.3.4　镜头4：固定镜头

第4个镜头依旧展示开箱的过程，展示人物开箱各个角度的画面，让画面更有真实感，如图8-6所示。除了俯拍角度外，还可以用低角度平拍。

图 8-6　镜头画面

8.3.5　镜头5：后拉+跟踪拍摄

第5个镜头展示的是开箱的最后一步，依旧采用俯拍，记录人物打开箱子将要露出产品的那一刻，一个镜头记录一个关键性的动作，如图8-7所示。

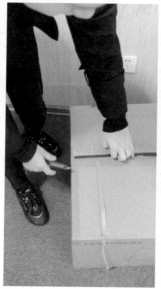

图 8-7　镜头画面

后拉+跟踪拍摄动画演示如图8-8所示。在人物开箱的时候，后拉镜头，从特写到近景，展示更多的画面。比如，从记录开箱的手部具体画面，到人物打开箱子的表情与全身稍大一点的动作画面。

中景

图 8-8　后拉 + 跟踪拍摄动画演示

8.3.6　镜头6：跟踪拍摄

第6个镜头展示的是人物打开箱子露出产品的画面。在拍摄这种连续性动作的时候，手持手机跟踪拍摄就可以了，如图8-9所示。

图 8-9　镜头画面

8.3.7　镜头7：固定+跟踪拍摄

第7个镜头展示的人物与产品的画面。在人物说完台词之后，需要对产品有相应的展示，所以拍摄者从用固定镜头拍摄人物到跟踪拍摄产品，如图8-10所示。

图 8-10　镜头画面

8.3.8　镜头8：跟踪拍摄

第8个镜头展示的是扫地机器人的主要部分，在人物介绍扫地机器人的时候，跟随人物手指所拿的区域进行跟随拍摄即可，如图8-11所示。

图 8-11　镜头画面

8.3.9　镜头9：固定+摇镜头

第9个镜头展示的是过渡画面，因为当要进行到下一环节的时候，需要人物出镜进行说明，然后再转向产品，所以这个镜头是以固定镜头+下摇镜头的方式进行拍摄的，如图8-12所示。

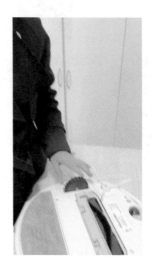

图 8-12　镜头画面

8.3.10　镜头10：跟踪拍摄

第10个镜头展示的是产品细节的特写，拍摄者跟随人物介绍的产品部位进行跟随拍摄，让观众直观地了解产品的每个细节，如图8-13所示。

图 8-13　镜头画面

8.3.11　镜头11：跟踪拍摄

第11个镜头展示的是扫地机器人的另一个关键部位——清洗站，依旧跟踪人物的动作进行拍摄，如图8-14所示。

图 8-14　镜头画面

8.3.12　镜头12：跟踪拍摄

第12个镜头展示的是清洗站的具体组成——主要由清水箱与污水箱两部分组成，如图8-15所示。

图 8-15　镜头画面

8.3.13　镜头13：跟踪拍摄

第13个镜头依旧展示这两个组成部分，不过需要人物详细介绍这二者的作用与功能，如图8-16所示。

图 8-16　镜头画面

8.3.14　镜头14：跟踪拍摄

第14个镜头展示的是污水箱的具体细节，主要拍摄人物展示如何打开污水箱，从而让观众更加深入地了解这些产品，如图8-17所示。

图 8-17　镜头画面

8.3.15 镜头15：后拉前推运镜

第15个镜头展示的是开箱后的所有产品，有扫地机器人主机与清洗站，还有一些赠品与说明书等，这也代表着开箱基本结束了，如图8-18所示。

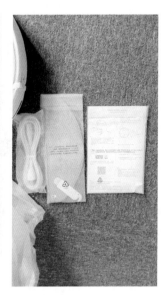

图 8-18 镜头画面

后拉前推运镜动画演示如图8-19所示。在拍摄的时候，从拍摄产品的局部开始，再后拉镜头拍摄全部的产品，之后前推镜头拍摄某个细节部分，这样的运镜方式，会让画面有层次感一些。

近景

图 8-19 后拉前推运镜动画演示

8.3.16 镜头16：固定镜头

第16个镜头展示的是人物告别的结束画面，以固定镜头拍摄人物进行开箱总结和与观众告别，让观众期待下次开箱视频，如图8-20所示。

图 8-20　镜头画面

8.4　后期剪辑

在拍摄视频的时候，收录了人声，所以在后期制作的时候，需要保留人声与一些环境音，后期剪辑的制作重点主要是用识别字幕功能制作字幕。

8.4.1　制作节目片头封面

【效果展示】：制作节目片头封面，可以让观众一秒就了解视频的主题，制作精美的视频封面，还能吸引观众点击视频，效果展示如图8-21所示。

扫码看教学视频　扫码看成品效果

图 8-21　效果展示

下面介绍在剪映App中制作节目片头封面的具体操作方法。

步骤01 在剪映中导入照片素材和16个镜头素材，在起始位置依次点击"画中画"按钮和"新增画中画"按钮，如图8-22所示。

步骤02 ❶在"照片"选项区中添加产品素材；❷依次点击"抠像"按钮和"自定义抠像"按钮，如图8-23所示。

步骤03 ❶涂抹扫地机器人，让其全部变红；❷点击✓按钮确认抠图，如图8-24所示。

步骤04 调整扫地机器人抠图的大小和位置，使其处于画面的右下角，如图8-25所示。

图 8-22　点击"新增画中画"按钮　　图 8-23　点击"自定义抠像"按钮

步骤05 ❶选择人物照片素材；❷依次点击"动画"按钮和"入场动画"按钮，如图8-26所示。

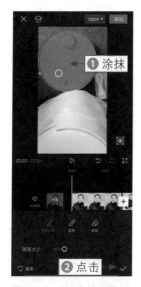

图 8-24　点击相应的按钮　　图 8-25　调整抠图的大小和位置　　图 8-26　点击"入场动画"按钮

步骤06 在"入场动画"面板中选择"左右抖动"动画，如图8-27所示。

步骤07 为扫地机器人素材添加"向右甩入"入场动画，如图8-28所示。

步骤 08 在起始处依次点击"文字"按钮和"文字模板"按钮，如图8-29所示。

图 8-27　选择"左右抖动"动画　　图 8-28　添加相应的动画　　图 8-29　点击"文字模板"按钮

步骤 09 ❶在"好物种草"选项区中选择模板；❷更改文字内容；❸调整文字的画面位置，如图8-30所示。

步骤 10 再添加两段好物种草文字模板，并调整其在画面的位置，如图 8-31所示。

步骤 11 在起始处依次点击"特效"按钮和"人物特效"按钮，如图 8-32 所示。

图 8-30　调整文字的大小和位置　　图 8-31　调整文字模板　　图 8-32　点击"人物特效"按钮

步骤12 在"装饰"选项卡中选择"背景氛围Ⅱ"特效，如图8-33所示。

步骤13 在视频起始位置依次点击"音频"按钮和"音效"按钮，如图8-34所示。

步骤14 ❶ 搜索"开场"；❷ 点击"开场音效"右侧的"使用"按钮，如图 8-35所示。

图 8-33 选择"背景氛围Ⅱ"特效

图 8-34 点击"音效"按钮

图 8-35 点击"使用"按钮

步骤15 点击视频轨道左侧的"设置封面"按钮，如图8-36所示。

步骤16 ❶在素材上滑动选择封面；❷点击"保存"按钮，如图8-37所示，设置封面。

图 8-36 点击"设置封面"按钮

图 8-37 点击"保存"按钮

8.4.2 设置人声音量与添加音乐

【效果展示】：如果收音效果不好，可以在后期提高音量；还可以通过分割片段设置音量，让噪声片段静音；最后添加背景音乐，效果展示如图8-38所示。

扫码看教学视频

图 8-38　效果展示

下面介绍在剪映App中设置人声音量与添加音乐的具体操作方法。

步骤01 ❶选择"镜头1素材"；❷点击"音量"按钮，如图8-39所示。

步骤02 ❶设置"音量"参数为494；❷点击"响度统一"按钮，如图8-40所示。

图 8-39　点击"音量"按钮　　　　图 8-40　点击"响度统一"按钮

步骤 03 弹出"所有片段响度已经统一"提示，应用到所有片段，如图 8-41 所示。

步骤 04 在镜头 1 素材起始处点击"音频"按钮和"音乐"按钮，如图 8-42 所示。

步骤 05 在"添加音乐"界面中选择"舒缓"选项，如图 8-43 所示。

图 8-41　弹出相应的提示　　图 8-42　点击"音乐"按钮　　图 8-43　选择"舒缓"选项

步骤 06 点击所选音乐右侧的"使用"按钮，如图 8-44 所示。

步骤 07 ❶调整音频素材的时长；❷点击"音量"按钮，如图 8-45 所示。

步骤 08 设置"音量"参数为 80，让背景音乐的声音变小一点，如图 8-46 所示。

图 8-44　点击"使用"按钮　　图 8-45　点击"音量"按钮　　图 8-46　设置"音量"参数为 80

步骤09 在镜头 16 素材的末尾分割素材，把噪声部分分割出来，如图 8-47 所示。

步骤10 设置分割后的噪声素材"音量"参数为 0，将其静音，如图 8-48 所示。

图 8-47 分割素材

图 8-48 设置"音量"参数

8.4.3 用识别字幕功能制作字幕

【效果展示】：在剪映中运用识别字幕功能可以把视频中的声音识别成文字，后期再添加一些文字效果，制作出美观的字幕，效果展示8-49所示。

扫码看教学视频

图 8-49 效果展示

下面介绍在剪映App中用识别字幕功能制作字幕的具体操作方法。

步骤 01　在照片素材的末尾位置点击"文字"按钮，如图8-50所示。

步骤 02　在弹出的二级工具栏中点击"识别字幕"按钮，如图8-51所示。

图 8-50　点击"文字"按钮　　　　　　　　图 8-51　点击"识别字幕"按钮

步骤 03　❶选择"仅视频"选项；❷点击"开始匹配"按钮，如图8-52所示。

步骤 04　识别出字幕之后，点击"批量编辑"按钮，如图8-53所示。

步骤 05　根据开箱文案，更改相应的文案内容，部分字幕如图8-54所示。

图 8-52　点击"开始匹配"　　图 8-53　点击"批量编辑"按钮　　图 8-54　更改文案内容

步骤 06 点击 Aa 按钮，在"书法"选项区中选择一款字体，如图8-55所示。

步骤 07 ❶切换至"样式"选项卡；❷选择样式；❸在"排列"选项区中设置"缩放"参数为50，放大文字，如图8-56所示。

图 8-55 选择字体

图 8-56 设置"缩放"参数

步骤 08 ❶切换至"字体"选项卡；❷取消选中"应用到所有字幕"复选框，便于处理单个字幕，如图8-57所示。

步骤 09 针对长一点的字幕，可以缩小文字，部分效果如图8-58所示。

步骤 10 除了噪声片段，设置所有片段的"音量"参数为1000，如图 8-59 所示。

图 8-57 取消选中相应的复选框

图 8-58 缩小文字

图 8-59 设置"音量"参数为1000

8.4.4　添加卡通贴纸制作谢幕片段

【效果展示】：剪映中的贴纸种类非常丰富，除了静态贴纸，还有动态的。在视频末尾添加可爱的卡通贴纸，可以让画面更有趣，效果展示如图8-60所示。

扫码看教学视频

图 8-60　效果展示

下面介绍在剪映App中添加卡通贴纸制作谢幕片段的具体操作方法。

步骤01 在最后一段字幕的后面点击"贴纸"按钮，如图8-61所示。

步骤02 ❶搜索"再见可爱图片"；❷选择一款贴纸，如图8-62所示。

图 8-61　点击"贴纸"按钮　　　　　　　图 8-62　选择一款贴纸

步骤 03 调整贴纸的时长和其在画面中的位置，如图8-63所示。

步骤 04 在背景音乐的末尾位置点击"音频"按钮，如图8-64所示。

图 8-63　调整贴纸的时长和位置

图 8-64　点击"音频"按钮

步骤 05 在弹出的二级工具栏中点击"音效"按钮，如图8-65所示。

步骤 06 ❶搜索"拜拜"音效；❷点击"萌娃，拜拜"音效右侧的"使用"按钮，如图8-66所示，给贴纸添加音效。

图 8-65　点击"音效"按钮

图 8-66　点击"使用"按钮

第 9 章
实景探房：《欢迎来参观新居》

本章要点

在拍摄商业性质的短视频时，在镜头中加入一些运镜方式，可以让作品更加有活力，不仅能减少观众的视觉疲劳，同时还可以在运镜中展示所推销产品的优点，增加观众的购买欲望，促成商品交易。本章的主题是实景探房，这种类型的视频不仅可以在生活分享号上发布，还可以在商业营销号上发布。

9.1 《欢迎来参观新居》分镜头演示效果

扫码看分镜头演示

实景探房《欢迎来参观新居》短视频是由多个分镜头片段构成的，分镜头演示视频是由成品视频与镜头脚本组成的，便于大家欣赏与学习，演示效果如图9-1所示。

实景探房·《欢迎来参观新居》分镜头演示

镜号	画面	运镜	时长
1	大门位置的走廊	上升左摇运镜	约4s
2	餐桌与餐厅	上摇运镜	约4s
3	浴室	后拉 + 下降左摇	约6s
4	卧室1	移镜头	约3s
5	卧室2	上摇前推 + 左摇	约4s
6	卧室上的装饰花	小幅度环绕运镜	约3s
7	卧室3	旋转前推 + 右摇	约4s
8	客厅	后拉左摇	约5s

实景探房·《欢迎来参观新居》分镜头演示

镜号	画面	运镜	时长
1	大门位置的走廊	上升左摇运镜	约4s
2	餐桌与餐厅	上摇运镜	约4s
3	浴室	后拉 + 下降左摇	约6s
4	卧室1	移镜头	约3s
5	卧室2	上摇前推 + 左摇	约4s
6	卧室上的装饰花	小幅度环绕运镜	约3s
7	卧室3	旋转前推 + 右摇	约4s
8	客厅	后拉左摇	约5s

实景探房·《欢迎来参观新居》分镜头演示

镜号	画面	运镜	时长
1	大门位置的走廊	上升左摇运镜	约4s
2	餐桌与餐厅	上摇运镜	约4s
3	浴室	后拉 + 下降左摇	约6s
4	卧室1	移镜头	约3s
5	卧室2	上摇前推 + 左摇	约4s
6	卧室上的装饰花	小幅度环绕运镜	约3s
7	卧室3	旋转前推 + 右摇	约4s
8	客厅	后拉左摇	约5s

实景探房·《欢迎来参观新居》分镜头演示

镜号	画面	运镜	时长
1	大门位置的走廊	上升左摇运镜	约4s
2	餐桌与餐厅	上摇运镜	约4s
3	浴室	后拉 + 下降左摇	约6s
4	卧室1	移镜头	约3s
5	卧室2	上摇前推 + 左摇	约4s
6	卧室上的装饰花	小幅度环绕运镜	约3s
7	卧室3	旋转前推 + 右摇	约4s
8	客厅	后拉左摇	约5s

实景探房·《欢迎来参观新居》分镜头演示

镜号	画面	运镜	时长
1	大门位置的走廊	上升左摇运镜	约4s
2	餐桌与餐厅	上摇运镜	约4s
3	浴室	后拉 + 下降左摇	约6s
4	卧室1	移镜头	约3s
5	卧室2	上摇前推 + 左摇	约4s
6	卧室上的装饰花	小幅度环绕运镜	约3s
7	卧室3	旋转前推 + 右摇	约4s
8	客厅	后拉左摇	约5s

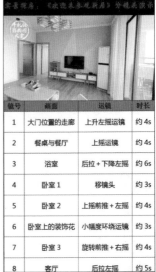

实景探房·《欢迎来参观新居》分镜头演示

镜号	画面	运镜	时长
1	大门位置的走廊	上升左摇运镜	约4s
2	餐桌与餐厅	上摇运镜	约4s
3	浴室	后拉 + 下降左摇	约6s
4	卧室1	移镜头	约3s
5	卧室2	上摇前推 + 左摇	约4s
6	卧室上的装饰花	小幅度环绕运镜	约3s
7	卧室3	旋转前推 + 右摇	约4s
8	客厅	后拉左摇	约5s

图 9-1 演示效果

9.2　镜头脚本

表9-1所示为《欢迎来参观新居》短视频的脚本。

表 9-1　《欢迎来参观新居》短视频的脚本

镜号	运镜	画面	设备	时长
1	上升左摇运镜	大门位置的走廊	手持稳定器	约 4s
2	上摇运镜	餐桌与餐厅	手持稳定器	约 5s
3	后拉 + 下降左摇	浴室	手持稳定器	约 6s
4	移镜头	卧室 1	手持稳定器	约 3s
5	上摇前推 + 左摇	卧室 2	手持稳定器	约 4s
6	小幅度环绕运镜	卧室上的装饰花	手持稳定器	约 3s
7	旋转前推 + 右摇	卧室 3	手持稳定器	约 4s
8	后拉左摇	客厅	手持稳定器	约 5s

9.3　分镜头片段

在房子等室内环境拍摄的时候，可以从空间顺序上进行编排，这样视频整体就会比较有逻辑感一些。有条件的话，尽量拍摄装修精美的房子，这样画面才能出彩。

9.3.1　镜头1：上升左摇运镜

第1个镜头展示的是大门走廊，展示人们进大门后所看到的环境。以这个场景为开场镜头，也是比较符合生活常理的，如图9-2所示。

图 9-2　镜头画面

上升左摇运镜动画演示如图9-3所示。拍摄者从拍摄鞋柜位置的绿植开始，慢慢升高镜头并向左摇镜，拍摄大门对着的走廊。从鞋柜位置开始拍摄是因为大部分人的生活习惯都是进门先换鞋，所以这种运镜方式，比较符合大部分人的生活观察习惯。

图 9-3　上升左摇运镜动画演示

9.3.2　镜头2：上摇运镜

第2个镜头展示的是餐桌周围的环境。在穿越走廊之后，就到了开放式的餐厅，所以本镜头以餐桌为起点，记录周边的环境，如图9-4所示。

图 9-4　镜头画面

上摇运镜动画演示如图9-5所示。拍摄者首先俯拍餐桌，并稍微贴近一点，然后上摇镜头，拍摄餐桌旁边的环境。

图 9-5　上摇运镜动画演示

9.3.3　镜头3：后拉+下降左摇

第3个镜头展示的是浴室。宽敞的大浴室及大浴缸是新房的一大亮点，拍摄这里可以提升视频的吸引力，如图9-6所示。

图 9-6　镜头画面

后拉+下降左摇动画演示如图9-7所示。在浴室的墙壁上有美丽的风景画，本镜头以照片为拍摄起点，然后后拉运镜，后拉至一定的距离之后，下降镜头并向左摇镜，拍摄华丽的大浴缸——这间浴室最大的亮点。

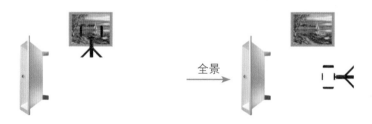

图 9-7　后拉 + 下降左摇动画演示

9.3.4　镜头4：移镜头

第4个镜头展示的是卧室。在拍摄完餐厅、浴室之后，就可以拍摄卧室了。前面的那些都是铺垫，卧室才是重点。因为卧室是睡觉的地方，也是大部分人待得最久的一个地方，卧室的环境与舒适度也影响着整座房子的品质，如图9-8所示。

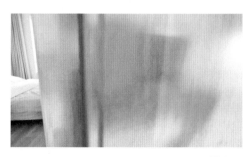

图 9-8　镜头画面

移镜头动画演示如图9-9所示。本镜头以卧室门旁边的木质结构墙壁为前景，从墙壁的右侧慢慢左移镜头，在露出卧室一角的时候，继续左移镜头，直到画面中展现了卧室的全貌，让观众一览无遗。

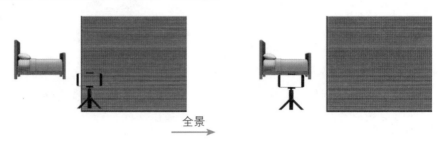

图 9-9　移镜头动画演示

9.3.5　镜头5：上摇前推+左摇

第5个镜头展示的是第二个卧室——展示卧室2的全貌，可以无缝衔接上一个分镜头，如图9-10所示。

图 9-10　镜头画面

上摇前推+左摇动画演示如图9-11所示。拍摄者从门位置低角度前推拍摄，进入卧室的时候上摇镜头，到床边的时候左摇镜头，拍摄床头的环境。

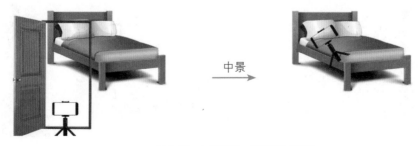

图 9-11　上摇前推 + 左摇动画演示

9.3.6　镜头6：小幅度环绕运镜

第6个镜头展示的是小物品——卧室床头的插花装饰物。这个镜头主要起着转场的作用，同时降低观众的审美疲劳，如图9-12所示。

图 9-12　镜头画面

小幅度环绕运镜动画演示如图9-13所示。拍摄者从装饰物的右侧小幅度环绕运镜，直到环绕至装饰物正面左右的位置。

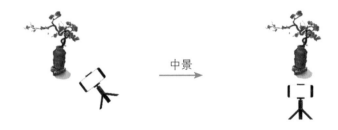

中景

图 9-13　小幅度环绕运镜动画演示

9.3.7　镜头7：旋转前推+右摇

第7个镜头展示的是第三个卧室——依旧以门为起点，在进入卧室之后，展示卧室的全貌，如图9-14所示。

图 9-14　镜头画面

旋转前推+右摇动画演示如图9-15所示。拍摄者在进入卧室之前，需要把手机旋转一定的角度，拍摄卧室门，在前推镜头进门的时候，将手机回正角度并向右摇摄，拍摄卧室的全貌。

图 9-15　旋转前推＋右摇动画演示

9.3.8　镜头8：后拉左摇运镜

第8个镜头展示的是客厅。拍摄者从拍摄客厅的窗户到拍摄客厅，由外到内，让观众的注意力再次集中在大客厅上——从第一眼看到的走廊，再到走廊尽头连接的客厅，视频到此就结束了，如图9-16所示。

图 9-16　镜头画面

后拉左摇动画演示如图9-17所示。拍摄者从窗户的位置进行后拉运镜，后拉至一定的距离之后，左摇镜头拍摄客厅的全貌。

图 9-17　后拉左摇动画演示

9.4 后期剪辑

如果前期拍摄的画面已经很精美了，在后期剪辑的时候，只需要添加音乐和添加相应的水印文字就可以了。

9.4.1 添加抖音收藏中的音乐

扫码看教学视频　扫码看成品效果

【效果展示】：下面介绍如何在抖音中收藏别人视频中的音乐，以及如何在剪映中添加收藏好的音乐，画面效果如图9-18所示。

图 9-18　画面效果

下面介绍在剪映App中添加抖音收藏中的音乐的具体操作方法。

步骤 01 在抖音App中打开一段需要用到其音乐的视频，点击右下角的音乐封面，如图9-19所示。

步骤 02 在弹出的音乐界面中点击"收藏音乐"按钮，如图 9-20所示，即可收藏该段视频中的音乐。

步骤 03 在剪映App中依次导入8段素材，并依次点击"音频"按钮和"抖音收藏"按钮，如图9-21所示。

步骤 04 选择所选音乐并点击右侧的"使用"按钮，如图9-22所示，添加音乐。

图 9-19　点击音乐封面　　图 9-20　点击"收藏音乐"按钮

步骤 05 调整音频素材的时长之后，选择音频素材并点击"淡化"按钮，设置"淡出时长"为1.5s，让音乐结束得自然一些，如图9-23所示。

图 9-21　点击"抖音收藏"按钮　　　图 9-22　点击"使用"按钮　　　图 9-23　设置"淡出时长"

9.4.2　为视频添加个性化水印

【效果展示】：添加水印文字，不仅可以起到标记原创、吸引观众关注的作用，还可以防止他人盗用自己的视频，水印效果如图9-24所示。

扫码看教学视频

图 9-24　效果展示

下面介绍在剪映App中为视频添加个性化水印的具体操作方法。

步骤 01 在剪映中点击"开始创作"按钮，在"素材库"选项卡中选择一段黑场素材，如图9-25所示。

步骤 02 依次点击"文字"按钮和"文字模板"按钮，❶在"美食"选项区中选择模板；❷更改文字内容，如图9-26所示。

图 9-25　添加黑场素材

图 9-26　更改文字内容

步骤03 在一级工具栏中点击"贴纸"按钮，如图9-27所示。

步骤04 搜索并选择一款"圆框"贴纸，如图9-28所示。

步骤05 ❶调整贴纸的大小和位置；❷点击"动画"按钮，如图9-29所示。

图 9-27　点击"贴纸"按钮

图 9-28　选择一款"圆框"贴纸

图 9-29　点击"动画"按钮

步骤06 ❶选择"渐显"入场动画；❷点击"导出"按钮，如图9-30所示。

步骤07 在原视频的编辑界面中依次点击"画中画"按钮和"新增画中画"按钮，如图9-31所示。

步骤08 ❶添加导出的水印文字素材；❷点击"混合模式"按钮，如图9-32所示。

图 9-30　点击"导出"按钮　　　图 9-31　点击"新增画中画"按钮　　　图 9-32　点击"混合模式"按钮

步骤09 ❶选择"滤色"选项；❷调整水印素材的大小和位置，如图9-33所示。

步骤10 复制水印文字至镜头 3 素材的位置，并调整其在画面中的位置，如图 9-34 所示。

步骤11 复制水印文字至镜头 8 素材的位置，并调整其在画面中的位置，如图9-35所示，这样在视频的开头、中间、末尾都有水印文字，提醒观众关注该视频博主。

图 9-33　调整水印素材的大小和位置　　　图 9-34　调整位置（1）　　　图 9-35　调整位置（2）